Kinfolk Korean Edition

Translators : Soomin Moon

Hyojeong Kim

Publisher : Sangyoung Lee

Editors : Sangmin Seo

Yoonyoung Choi

Editorial Designer : Somyung Oh

kinfolkeum@naver.com
blog.naver.com/kinfolkeum

DesignEUM
501 Eumbuilding,
20, Jahamun-ro 24-gil,
Jongno-gu, Seoul 110-033, Korea
Tel : +82 2 723 2556
blog.naver.com/designeum

Printed in Korea

Publication Design by Amanda Jane Jones
Cover Photograph by Neil Bedford

MADE & CRAFTED™
LEVI'S®

TOAST

WOMEN

MEN

HOUSE&HOME

WWW.TOA.ST

KINFOLK

NATHAN WILLIAMS
EDITOR IN CHIEF & CREATIVE DIRECTOR

GEORGIA FRANCES KING
EDITOR

GAIL O'HARA
MANAGING EDITOR

ANJA VERDUGO
ART DIRECTOR

AMANDA JANE JONES
LEAD DESIGNER

JENNIFER JAMES WRIGHT
DESIGN DIRECTOR

DOUG BISCHOFF
BUSINESS OPERATIONS

KATIE SEARLE-WILLIAMS
BUSINESS MANAGER

PAIGE BISCHOFF
ACCOUNTS PAYABLE & RECEIVABLE

JULIE POINTER
COMMUNITY DIRECTOR

JESSICA GRAY
COMMUNITY MANAGER

NATHAN TICKNOR
SERVICE MANAGER

JOANNA HAN
CONTRIBUTING EDITOR

KELSEY VALA
RECIPE EDITOR

KELSEY SNELL
PROOFREADER

ERIC DAVIS
WEB ADMINISTRATOR

ALYSSA HERZINGER
EDITORIAL & OPERATIONS ASSISTANT

SARAH ROWLAND
EDITORIAL ASSISTANT

MICHELLE CHO
COMMUNITY & DESIGN ASSISTANT

STEPHANIE GROSSE
BUSINESS ASSISTANT

EMMA LAUKITIS
OPERATIONS ASSISTANT

CONTACT US

질문이나 의견은
kinfolkeum@naver.com으로 보내주세요.

WWW.KINFOLK.COM

WELCOME

킨포크가 태어나고 세 돌을 맞기까지 힘에 부치기도 하고 갈팡질팡하기도, 엎치락뒤치락하기도 했습니다. 이런 시행착오는 대부분 여러분의 손에까지는 전해지지 않지만, 보이지 않는 곳에서 우리는 항로에서 벗어나기도 했고 우연히 수확을 거두기도 했지요. 우리 킨포크 편집진은 정말이지 완벽과는 거리가 먼 사람들이거든요. 그래서 이제 베일을 걷고 불운의 숫자, vol.13 <불완전에 대하여>를 드러내 보일 때가 왔다고 생각했습니다.

이번 가을 호에서는 구멍 난 양말, 거뭇거뭇 졸아 버린 마멀레이드, 지금까지 살면서 시도했던 마뜩찮은 헤어 스타일을 돌아보려 합니다. 누구나 가끔 좀 더 깨끗하고 정돈된 삶을 살고자 시도해 보지만, 현실은 종종 생각과는 다른 모습으로 펼쳐지죠. 그림 같은 삶은 상상만으로도 희망을 차오르게 해 준다는 점에서 나름의 가치가 있겠지만, 잠시라도 좋으니 한 번쯤 베일을 걷어 버리고 우리의 결점을 두 팔 벌려 감싸 안으면 어떨까요?

이번 호에서는 각기 다른 문화권에서 살아가는 사람들이 소위 삶의 '결점'을 받아들이는 법을 소개합니다. 나바호 인디언은 천을 짤 때 '완벽'이라는 다다를 수 없는 상태에 정신이 얽매이지 않도록 의도적인 실수를 넣었습니다. 일본의 도자기 수리복원 기술인 킨쓰기는 금박을 사용해서 깨진 도자기의 갈라진 틈새가 오히려 돋보이도록 했죠. 웨스트민스터 도그 쇼의 심사위원, 올림픽 체조 채점관, 퓰리처상을 수상한 레스토랑 비평가도 경험을 바탕으로 완벽을 판단한다는 난제에 대한 속내를 털어놓았습니다. 예술작품 복원가 또한 역사가 남긴 흠이 작품에 풍부한 사연을 더해 줄 수 있다는 것을 보여 주었지요.

알고 보면 완전무결해 보이던 많은 것이 실은 그렇지 않을 수도 있답니다. 그래서 본문에서는 유전적으로 동일한 쌍둥이들의 차이를 살펴보고, 지나치게 깔끔한 인테리어에 적당히 여유를 더할 방법을 제안했습니다. 그리고 47세에 접어든 뉴욕 시티발레단의 프리마돈나 웬디 웰런과 완벽한 미를 별거 아닌 듯 자연스레 보여 주어야 하는 압박감에 대해 이야기를 나누어 보았습니다.

부엌 또한 맛깔난 실패로 가득한 곳이지요. 레스토랑 주방 한쪽을 십 분 동안만 보고 있어도, 혹은 줄리아 차일드의 '프렌치 셰프The French Chef' 몇 편만 봐도 우리 자신을 포함해 세상에 완벽한 요리사는 없다는 걸 알게 될 겁니다. 삶이 우리에게 시큼 떨떠름한 맛을 선사할 때를 위해 새콤달콤한 감귤향이 풍기는 제안을 몇 가지 실어 두었고, 푹 꺼져 버린 치즈 수플레를 살려내는 법, 요리를 태워 먹는 등 부엌에서 생기는 각종 사건 사고를 바탕으로 짠 메뉴도 담아냈습니다.

카디건에 조잡하게 덧댄 천 쪼가리에서부터 울퉁불퉁하게 깎인 이웃집의 울타리에 이르기까지, 자그마한 결점은 최선을 다한 삶이 만들어 낸 아름다운 부산물이나 다름없습니다. 그러니 마음껏 실수하세요. 흐트러뜨리세요. 잃을 건 없으니까요.

NATHAN WILLIAMS AND GEORGIA FRANCES KING

NEIL BEDFORD	**NILS BERNSTEIN**	**JENN BONNETT**
Photographer	*Writer*	*Stylist*
London, United Kingdom	New York, New York	San Mateo, California
ALISON BRISLIN	**RACHEL CAULFIELD**	**LIZ CLAYTON**
Stylist	*Stylist*	*Writer*
Portland, Oregon	London, United Kingdom	Brooklyn, New York
KATRIN COETZER	**DAVID COGGINS**	**LAUREN COLTON**
Illustrator	*Writer*	*Stylist*
Cape Town, South Africa	New York, New York	Seattle, Washington
TRAVIS ELBOROUGH	**MARGARET EVERTON**	**KARYN FIEBICH**
Writer	*Writer*	*Stylist*
London, United Kingdom	Portland, Oregon	Portland, Oregon

PARKER FITZGERALD
Photographer
Portland, Oregon

MAIA FLORE
Photographer
Paris, France

SUZANNE FUOCO
Writer
Portland, Oregon

ALICE GAO
Photographer
New York, New York

JIM GOLDEN
Photographer
Portland, Oregon

HIDEAKI HAMADA
Photographer
Osaka, Japan

CHARLOTTE HEAL
Art Director
London, United Kingdom

TAE INO
Writer
Tokyo, Japan

SARAH JACOBY
Illustrator
Philadelphia, Pennsylvania

CRAIG JOHNSON
Photographer
Granite Bay, California

KATE S. JORDAN
Prop Stylist
Pound Ridge, New York

STEPHANIE ROSENBAUM KLASSEN
Writer
Sonoma, California

KATHRIN KOSCHITZKI
Photographer
Nuremberg, Germany

JOSS MCKINLEY
Photographer
New York, New York

NICOLÒ MINERBI
Photographer
San Francisco, California

BERTIL NILSSON
Photographer
London, United Kingdom

SAYURI SAKAIRI
Stylist
Berlin, Germany

CHARLIE SCHUCK
Photographer
Seattle, Washington

KENDRA SMOOT
Stylist
New York, New York

SETH SMOOT
Photographer
New York, New York

JOHN STANLEY
Writer
London, United Kingdom

SHANTANU STARICK
Photographer
Brisbane, Australia

KATIE STRATTON
Painter
Dayton, Ohio

KELSEY VALA
Writer
Portland, Oregon

NICOLE VARVITSIOTES
Writer
San Luis Obispo, California

HELLE WALSTED
Stylist & Producer
Copenhagen, Denmark

WE ARE THE RHOADS
Photographers
Los Angeles, California

WICHMANN + BENDTSEN
Photographers
Copenhagen, Denmark

MARTIN WUNDERWALD
Photographer
Dresden, Germany

DIANA YEN
Writer & Stylist
New York, New York

ONE

TWO

FEW

ONE

한 사람을 위한 즐거움

○

GOING AGAINST THE GRAIN

결을 거슬러

WORDS BY STEPHANIE ROSENBAUM KLASSEN & PHOTOGRAPHS BY HIDEAKI HAMADA
STYLING BY SAYURI SAKAIRI

뭔가 미운 오리 새끼처럼 주변과 어울리지 않는다는 느낌을
받은 적이 있는가? 가끔 모난 존재가 되어 보면 내가 제자리를
벗어난 것 같지만 생각보다 더 큰 즐거움이 찾아든다.

브루클린에 있는 깔끔한 아파트를 떠나 볼리비아의 산타크루즈에서 농장 일을 배워 보겠다고 털어놓았을 때, 엄마는 그다지 놀라지 않았다. 어쨌든 나는 성깔 있고 목소리 큰 막내딸이자 모험가이면서 재미있는 이야깃거리를 알고 있으며 아기 대신 책을 안겨 드리는, 엄마의 미운 오리 새끼였으니까. 엄마의 주소록에는 잇따라 바뀌는 내 주소들로 빼곡했다. 샌프란시스코, 이탈리아, 뉴욕을 넘나드는 주소는 볼펜으로 그어 지웠다가, 연필로 적었다가, 마침내는 포스트잇에 갈겨 써서 페이지 사이에 끼워져 있었다.

내가 자라난 미국 동부의 교외 사람들은 단단한 매트리스와 고급 침구를 포기하느니 차라리 발레 공연에 알몸으로 가는 편을 택할 사람들이었다. 그러니 6개월간 볼리비아의 천막에서 살겠다는 내 생각은 주변 사람들에게 꽤나 웃음거리가 되었을 것이다. 변호 차원에서 한 마디 하자면 그건 어언 7년 전의 일이었다. '농장에서 식탁까지' 라는 생각이 유행처럼 번지기 전, 아침식사로 퀴노아를 먹기는 고사하고 퀴노아를 제대로 발음할 수 있는 사람조차 없었다.

그래도 이런 재미야말로 사람들이 미운 오리에게 기대하는 것이 아닐까. 모가 나면 좀 어떤가? 예측할 수 없는 삶은 때로 불안정하기는 하지만 절대 지루한 법이 없다. 남들이 퇴짜 놓은 길을 맹렬히 달려가면 집에 틀어박혀 사는 사람들이 꿈꾸기만 하는 것들을 몸소 경험할 수 있다. 우리들은 속도감, 몰랐던 것의 새로움, 신나는 경험을 이국적인 우표를 붙인 엽서와 편지에 써 보내거나 폭우 속에서 오락가락하는 인터넷 선 너머로 이메일을 보내며 기쁨을 느낀다.

"좋아하는 일을 해." 사람들은 말했고 나는 그렇게 했다. 다른 일은 해 봤자 털끝만큼도 내 적성에 맞지 않는다는 것을 곧 깨달았기 때문이다. 처음 음식평론가가 되었을 때 내가 가진 것은 이름 한 줄과 쥐꼬리만 한 보수뿐이었다. 집세가 싼 조그마한 아파트 덕분에 근근이 살아가는 형편이었지만 디너 파티에서 옆에 앉은 증권 관계자와 기업 헤드헌터는 내 직업을 부러워하며 말했다. "크렘브륄레 평론가라니…. 그거야말로 제가 하고 싶은 일이에요." 어떤 여성은 입으로 숟가락을 가져가다 말고 꿈꾸듯 말했다. 그들의 눈에 비친 내 직업은 엑셀 프로그램과 융자 상환, 따분한 미팅이나 사내 정치와는 거리가 먼 달달한 즐거움 그 자체였다. 그 사람들의 판타지를 산산조각내서 뭐하겠는가? 내 재산은 현금이 아니라 다재다능한 능력이었다. 일 하나가 끝나면 입소문을 타고 다른 일감이 들어왔다. 집세는 공동 부담하고, 옷은 중고를 입고, 누군가 갤러리를 새로 오픈하면 와인도 공짜였다. 우리는 서로의 뒤를 봐주었다. 이방인 중에서도 이방인으로 살아가고 있는데, 누가 나를 돌봐 줄 것인가?

미운 오리는 굳세어졌다. 살아남으려면 남들이 비웃는 일들을 즐기는 방법을 배워야 했다. 우리 같은 부류가 늘 즐겁고 자신감에 넘쳐 보이기는 하지만 사실 이런 자신감은 남들에게 퇴짜 맞고, 발야구 팀에 맨 꼴찌로 뽑혀 괴짜가 되고, 화통을 삶아 먹은 듯한 목소리로 남들 앞에서 바보짓을 하거나 수업에서 이름을 불리면 쭈뼛대던 경험에서 비롯된 잡초 같은 생명력이다. 지금 와서 보면 안전한 길을 택한 사람들이 우리, 즉 위험을 무릅쓰는 부류를 이따금 부러워한다는 것을 알았다. 창의력 있고 유별난, 어딘지 이상하면서도 늘 행복해 보이고 '기이함'을 아름답게 수놓는 이 세상의 모든 미운 오리들에게 격려와 박수를 보낸다. ○

스테파니 로젠바움 클라센의 최신작은 『빈티지 칵테일의 기술The Art of Vintage Cocktails』이다. 샌프란시스코에서 20년간 거주했으며 요즈음에는 캘리포니아 주 소노마에서 와인 장인인 남편, 고양이 버바와 살고 있다.

NATURAL JUDGMENT

자연과 평가

우리는 자연을 뜯어보며 흠이 있다고 이러쿵저러쿵하지는 않는다.
한데 자연을 바라볼 때 경이와 경외에 가득하던 시선이
어째서 주변 사람들에게는 미치지 않는 것일까?
샌프란시스코에서 발견한 각양각색의 나무들과 함께하는 이 글은
내 주변을 둘러싼 세상의 결점을 두 팔 벌려 포용하라고 권한다.

WORDS BY JULIE POINTER & PHOTOGRAPHS BY NICOLÒ MINERBI

자연의 세계에 발을 들이면 놀라운 일이 벌어진다. 꼬치꼬치 따지던 눈빛을 거두고 관찰자의 시선에서 바라보는 것이다. 의사봉을 내려놓고 쌍안경을 드는 셈이랄까. 까칠하던 눈길이 부드러워지면서 세상이 펼쳐 보이는 아름답고 기이한 풍경에 감탄하게 된다. 역사 깊은 떡갈나무에 옹이가 있다고 해서, 혹은 고래의 배가 흉물스레 튀어나왔다 해서 감동이 사그라지지는 않는다(그런 흔적이 결점으로 보이지도 않는다). 그랜드 캐니언에 서서, 혹은 대머리 독수리를 보며 우리는 그런 경이로운 자연을 어떻게 손볼 수 있을지 이러쿵저러쿵하지 않는다. 그저 이들 피조물이 각기 자신의 색깔을 내고 있으며 아무것도 개의치 않고 본연의 모습대로 살아간다는 데 놀라워할 뿐이다.

비교는 기쁨을 앗아 간다. 우리는 자의식이 지배하고 가치평가가 만연한 도회지에 살고 있다. 현미경 렌즈 아래 놓이거나 렌즈를 들여다보는 입장에서 완전히 벗어날 수 있는 유일한 방법은 사회라는 거울을 뒤로 하고 자연에 몸을 푹 담그는 것뿐이다. 가을의 플라타너스 나무를 보며 어째서 잎사귀가 더 짙은 색으로 물들지 않았는지, 왜 모양새가 날렵하지 않은지 궁금해지는 않는다. 뭉게구름은 새털구름과 다를 바 없이 반가운 존재이다. 쓰레기통을 뒤지는 너구리에게 욕을 퍼부을 때도 있지만, 너구리의 미간은 왜 그리 좁은지 의문을 품거나 가는 발목을 샘내지는 않는다.

일상에서 마주치는 사람들에게 적용하는 완고하고 주관적인 가치판단의 기준이 자연에는 무용지물이다. 하루에도 여러 번, 우리는 순전히 외적 요인만을 두고 주변 사람에게 닥치는 대로 줄자를 들이댄다. 그러나 높이 솟은 삼나무 숲이나 드넓은 대서양 가장자리에 서 있을 때 우리는 결함이 있을지도 모른다는 생각따위는 하지 않는다. '결함'을 품고 있는 자연의 복잡한 요소는 존중심을 불러일으킬 뿐이다.

문득 창밖의 느릅나무가 계절마다 잎사귀를 6백만 개나 싹틔운다는 사실을 되새기다 보면 호기심이 온몸을 감싼다. 내가 만나는 사람들에게도 전해 주고 싶은 그런 순수한 호기심이다. 대지에 대한 이런 깊은 경외심을 주변 사람들에게도 베푼다면 어떨까? 비행기에서 옆자리에 앉은 남자의 거친 숨소리와 맞부딪치는 팔꿈치를 신경 쓰는 대신 그 몸속에 있을 동맥, 모세관, 세포의 놀라운 숫자를 상상한다면 나는 어떤 사람으로 바뀔까? 그러면 시선을 돌릴 때마다 숭고한 호기심을 자극하는 것들이 눈에 들어오지 않을까?

바로 이때, 건전한 경외심은 우리 삶에서 평형을 잡아 주는 추가 된다. 편견에 휩쓸리지 않고 자연을 감상하다 보면 가치를 따지는 속 좁은 틀을 벗어나 더 맑은 눈으로 세상을 보게 된다. 한 사람 한 사람이 지닌 수수께끼를 곱씹어 볼수록 우리의 편협한 시각으로 완벽을 추구한다는 것이 얼마나 부질없는 짓인지 깨닫는다. 자연을 바라보는 순수한 태도를 회복할 수 있다면 경쟁을 멈추고 나 본연의 모습을 되찾기 위해 고군분투하게 되리라. 그와 더불어 타인에게서도 그런 모습을 기대하고 또 북돋아 주게 될 것이다. ○

줄리 포인터는 킨포크의 대외 협력 담당자이다. 오레곤 주 포틀랜드에 거주하며, 언젠가 게스트하우스 겸 예술가의 안식처를 운영할 꿈을 품은 채 이런저런 것들을 만들고 글을 쓰면서 아트 디렉터로 활동하고 있다.

WEAR AND TEAR

닳고 바랜 옷

WORDS BY DAVID COGGINS

PHOTOGRAPHS BY SETH SMOOT & STYLING BY KENDRA SMOOT

옷, 인간관계를 비롯한 삶의 모든 순간에서 완벽을 추구하는 것은
부질없는 짓이다. 중요한 것은 결점을 어떻게 드러내야 하는가이다.

흰 구두가 세상을 보는 눈을 길러 준다는 게 일리 있는 말일까? 지난 몇 년간 흰 더비 슈즈, 크리켓화, 스펙테이터 슈즈, 그리고 또다른 여러 컬레의 더비 슈즈(초봄부터 초가을까지 신어도 괜찮다고 자신한다)에 대한 애정을 키워 왔다. 갓 산 흰 구두에는 아직 때 묻지 않고 시간의 흔적도 없는 완벽미가 담겨 있다. 새 구두를 처음 신기 며칠 전, 심지어 몇 주 동안 감탄 섞인 눈길로 바라보는 건 비단 나쁜만은 아닐 것이다.

그러나 이런 플라토닉한 애정 관계에 있는 신발은 아직 구두의 신이 의도한 대로 존재하는 것이 아니다. 아직 발에 신지 않았고, 때 묻지 않았다면, 진정한 의미에서의 내 소유물이 아니다. 흰 신발은 언제까지나 순백의 상태를 유지할 수 없으며, 그럴 필요도 없다. 거기에는 뉴올리언스로 떠났던 여행, 난데없이 쏟아진 소나기, 장난삼아 잔디에서 뒹굴다가 묻힌 푸른 풀물의 흔적이 남아 있어야 한다. 그런 뒤에야 비로소 흰 구두의 니르바나nirvana에 이를 수 있는 법이다.

사람은 지난 세월이 배어나고 꾸밈없는 것들에 끌리게 마련이다. 권투선수의 부러진 코, 결점이 있는 영웅, 가수의 나이 들어가는 목소리처럼 말이다. 프레드 아스테어는 새 수트를 벽에 던져서 새옷 느낌을 없앴다고 한다(하인을 시켰을지도 모르겠다). 수트란 모름지기 새것이라는 티가 나지 않아야 하며, 늘 그 옷을 입었던 것처럼 보이고, 상표가 아니라 입은 사람을 나타내야 한다는 사실을 알고 있었던 것이다. 어쨌든 프레드릭 오스테를리츠라는 이름으로 태어났으니, 아스테어야말로 재창조의 위력을 그 누구보다 더 잘 알고 있었을 터이다.

몇 년 전, 내가 세운 이 가설을 입증할 기회가 있었다. 최고 기온을 찍었던 어느 여름날, 옷을 유달리 잘 입는 친구를 우연히 마주쳤다. 잿빛 수트에 노란 타이, 흰 구두를 신은 친구의 모습은 한 마디로 완벽했다. 그런데 가까이 다가가서 보니 한쪽 발등을 가로질러 짙은 발자국이 찍혀 있었다. 멋 그 자체였다. 그 자국은 다른 모든 요소와 잘 어우러져 전체적으로 탁월한 매력을 뽐내고 있었다. 그는 결점이란 삶에서 빼놓을 수 없는 부분이라는 것을 알고 있었고, 그 사실을 받아들였던 것이다.

옷을 잘 입는 남자가 저지른 실수는 대개 눈치채지 못하고 지나친다. 옷을 입을 줄 아는 남자는 옷깃이 닳아도 연연하지 않으므로 덩달아 보는 사람도 신경 쓰지 않게 된다. 이런 멋쟁이는 완벽보다 더 중요한 것이 있다는 사실을 일깨워 준다. 맨해튼 그린 가의 잭 스페이드 매장에 놓여 있던 낡은 빨간 가죽 소파가 기억난다. 소파가 찢어질 때마다 점원이 테이프로 땜질한 결과, 소파라기보다 테이프 덩어리라고 하는 편이 더 어울리는 지경이 되었다. 그런데도 매장에 들를 때마다 아직 놓여 있는 소파를 보면 반가운 마음이 일었다. 흠집 없는 새 안락의자에서는 절대 느낄 수 없는 애착이 생겼다.

결론은 하나다. 완벽하기 위한 완벽은 위험하다는 것이다. 세상에는 눈에 보이는 것 이상의 무언가가 있다. 최고의 인테리어는 돈으로 살 수 있는 게 아니다. 나이가 들수록 완벽하기보다 개성 있는 스타일에 끌리는 것도 그 때문일 것이다. 그러나 이런 것은 하루아침에 손에 넣을 수 없다. 가짜로 위싱한 청바지 한 벌로는 어림도 없다. 직접 입고 길을 들여야 한다. 물론 이베이에서 중고 청바지를 찾을 수도 있겠지만 같은 의미일 수는 없으며, 마음속으로는 우리 모두 그 사실을 잘 알고 있다. 고생 끝에 손에 넣을 수 있는 개성과 결점을 향한 멀고 보람찬 길은 결국 스스로 개척해 나아가야 한다는 걸 말이다. ○

데이비드 코긴스는 자신의 괴짜 기질을 즐기며 사는 법을 익혔다. 『에스콰이어Esquire』, 『인터뷰Interview』, 『아트 인 아메리카Art in America』 등에 기고하고 있다. 뉴욕에 살고 있다.

JULIA CHILD'S GUIDE TO COOKING TERRIBLY

줄리아 차일드의 요리 망치는 법

WORDS BY NILS BERNSTEIN & PHOTOGRAPH BY ANJA VERDUGO

"새로운 조리법을 시도해 보고, 실수하면서 배우고, 즐겁게 하세요!" 엉망진창인 요리도 만들어 보라며 격려해 준 그녀의 한 마디로 요리의 혁명이 시작되었다.

미국에서는 대학농구선수이자 제2차 세계대전에 참전했던 요리책 작가, 줄리아 차일드가 요리의 혁명을 이끌었다. 1960년대에 방영된 텔레비전 쇼 '프렌치 셰프'에서 선보인 뵈프 부르기뇽과 더불어, 줄리아는 텔레비전 앞에 앉아 저녁을 먹던 당시 미국 가정에 제대로 된 요리의 향기를 불어넣었다. 쾌활한 스타일로 겉치레를 벗어 던진 줄리아는 특유의 노래하는 듯한 목소리로 짤막한 농담을 하곤 했다. "저는 언제나 와인을 마시며 요리하는 걸 즐겨요. 가끔은 요리에 넣을 때도 있다니까요!"

게다가 줄리아는 최고의 실력을 갖춘 사람들이 그렇듯 실수를 두려워하지 않았고 생방송 중에 실수를 해도 개의치 않았다. 불꽃 튀는 경쟁만 보여 줘서 주눅만 들게 하는 여타 요리 프로그램과 달리, 줄리아는 수백만의 시청자에게 코코뱅과 그랑마니에 수플레를 만들어 보라며 용기를 심어 주었다. 어떤 일이 있어도 배달 음식 대신 근사한 저녁식사를 차릴 수 있을 거라고 약속했던 것이다.

줄리아는 집밥은 완벽할 수 없다는 사실을 사랑했고 '실패작'이란 없다고 믿었다. 무언가를 망쳤다면 색다르게 바꾸거나 맛있는 소스를 얹으면 그만이었다. "요리의 비밀이자 기쁨 중 하나는 망친 요리를 수정하는 법을 배우는 거예요. 명심할 교훈은 도저히 손쓸 수 없는 지경이라면 빙그레 웃고 받아들여야 한다는 거죠." 이런 마음가짐에는 멋진 우연이 찾아든다. 푹 꺼져 버린 수플레의 맛깔나고 묵직한 느낌, 타서 거뭇해진 치즈의 바삭한 얼룩이 남은 라쟈냐, 한쪽은 설익고 한쪽은 바싹 구운 양다리 구이에서 이때껏 맛보지 못한 다양한 맛을 즐길 수 있기 때문이다. 어쩌면 덜 구워진 쿠키, 타 버린 토스트, 통통 불은 파스타가 내 입맛에는 더 잘 맞을 수도 있다(알 덴테al dente, 면 중앙이 약간 딱딱한 상태 따위 엿이나 먹으라지!).

뭐니 뭐니 해도 사람들은 울퉁불퉁한 재래종 토마토와 빵 가장자리로 패티가 튀어나온 소박한 햄버거를 좋아한다. 가공식품이나 패스트푸드 회사는 '집에서 만든 것처럼' 완벽하지 않은 느낌을 낸 제품을 만들기 위해 머리를 쓰기 시작했다. 『크래프트Kraft』의 칠면조 너겟은 고르지 않은 모양의 틀에 넣어 만들었으며 맥도날드는 달걀흰자가 옆으로 흘러내리도록 했고 도미노피자의 수제 피자는 가장자리를 울퉁불퉁하게 처리했다. 크러스트를 과일 필링에 밀어 넣은 다음 팬다우디(애플파이의 일종)라고 둘러대면 되는데 뭐하러 완벽하게 주름을 잡으려 애쓰겠는가? 대충 썬 파스타 생지 자투리에는 심지어 '말탈리아티Maltagliati'라는 그럴듯한 이름까지 붙어 있는데 말이다.

프렌치 셰프에서 줄리아는 감자 팬케이크를 뒤집다가 실수하자 재빨리 베이킹 접시에 옮겨 담고 치즈와 크림을 얹어 새로운 요리를 만들어 냈다. 분명 주방에 있던 모든 이들이 따라했을 것이다. "절대 식탁 앞에서 요리를 망쳤다고 말하지 마세요. 요리할 때에는 '뭐 어때'라는 마음가짐이 필수죠." 그녀는 자신의 말을 언제나 그대로 실천했다. 또 다른 유명한 예로는 1987년 '데이비드 레터맨 쇼Late Show'에 출연했을 때 버너가 제대로 작동하지 않자 햄버거를 만들려고 준비했던 생고기와 치즈를 토치로 그을려 비프 타타르 그라티네로 변신시켰던 적도 있다. "시크하잖아요, 데이비드."

줄리아의 지혜는 삶에도 적용할 수 있다. 실수해도 웃어 넘기고, 자책하지 말라고 격려하던 그녀는 요리강사뿐 아니라 심리상담사이기도 했던 것 같다. "스튜를 망치거나 케이크가 딱딱할 수도 있죠. 뭐 어때요, 그럴 수도 있죠! 사실 대부분의 사람들은 자기 생각보다 요리 실력이 나은 편이랍니다." ○

닐스 번스타인은 음악 홍보 담당자로 일하면서 『보나페티Bon Appétit』, 『맨스 저널Men's Journal』, 『와인 애호가Wine Enthusiast』에 기고하고 있다. 뉴욕에 살고 있지만 틈날 때마다 멕시코시티로 떠나곤 한다.

줄리아 차일드에게서 영감을 받은 '푹 꺼져 버린 치즈 수플레'의 레시피는 143쪽을 참조해 주세요.

GETTING SNIPPY

사각사각 가위질

WORDS BY GAIL O'HARA & PHOTOGRAPH BY PARKER FITZGERALD

헤어디자이너는 우리 삶을 바꿔 놓을 수 있다.
어린 시절의 바가지 머리, 너무 짧게 자른 머리 때문에 겪은 트라우마를
떠올려 보면 손수 머리를 다듬는 게 낫겠다고 생각하곤 한다.

때로는 심리상담소의 소파에 앉아 있어야 할 순간에 미용실 의자에 기대어 있곤 한다. 미용실 거울에 비친 내 모습은 기분 탓인지 유독 형편없어 보인다. 대체 여기서 뭘 하고 있는 걸까? 가위손에게 너무 많은 걸 바라는 건 아닐까? 말괄량이 삐삐도 울고 갈 산발인 주제에 아멜리에처럼 사랑스러운 모습으로 변신할 수 있다고 상상하는 건 아닐까? 레게머리, 긴 보브컷 등 어떤 머리를 꿈꾸었던 간에, 변신에 대한 열망과 기대가 실망으로 바뀌면서 찾아드는 황당함, 고통, 충격, 우울의 고리를 이미 경험해 보았을 것이다.

멋지게 손질된 머리는 삶에 활력을 주지만, 망가진 헤어 스타일은 엄청난 타격을 줄 수 있다. 누구나 한 번쯤 미용사의 가위질 한 번에 멀쩡하던 머리가 돌연 모히칸이나 퐁파두르 스타일로 변신하는 모습을 충격에 휩싸인 채 지켜본 경험이 있을 것이다. 가령 캐리 멀리건의 사진을 들고 왔는데 힐러리 클린턴 같은 모습으로 미용실을 나서는 거다. 한 번은 고집 센 남자 미용사가 '머리를 뒤로 묶은 듯한 착시 효과'를 내고 싶다며 내 허락도 없이 어깨 길이 머리카락을 왕창 자른 적이 있다. 그런가 하면 버섯 모양의 새기 컷에 끄트머리는 들쭉날쭉하게 잘라 버린 미용사도 있다. 멋있는 헤어 스타일도 좋지만, 그렇다고 완벽만 고집할 필요는 없다. 1970~1980년대에 유행했던 펑크/뉴웨이브 스타일의 전성기를 떠올려 보자. 당시 사람들은 장발의 히피 스타일에 반기를 들고 이발기를 손에 쥔 채 직접 헤어 스타일을 바꿨다.

헤어디자이너는 두상뿐 아니라 자신감까지도 미묘하게 바꿔 놓곤 한다. 그러나 때로는 이들에게서 바라는 것(완벽한 헤어 스타일 혹은 인생의 2막)이 절대 손에 넣을 수 없는 신기루일 수도 있다. 그들은 미용사이지 마술사가 아니기 때문이다. 윤기 나는 긴 머리를 짧게 싹둑 자른 적이 있는 여자라면 알 것이다. 자기 손으로 머리를 자르면(혹은 친구가 잘라 주면) 짜릿한 해방감을 맛볼 수 있다.

─────── 지침: 직접 해 보는 헤어컷 ───────

사각사각 빗살이 성긴 얼레빗과 작고 날이 선 가위(모발용 가위가 좋다)를 쓰되, 가로가 아닌 세로로 세워 들어야 한다는 것을 잊지 말자. 눈을 다치지 않게 주의하고 친구가 보는 앞에서 조금씩 천천히 자른다. 이때 전문가들은 입을 모아 조언한다. "술에 취한 상태라면 절대 시도하지 마세요!"

어디까지나 자연스럽게 스타일링을 할 때에는 내 머리카락의 상태를 고려해야 한다. 빗자루처럼 부스스한 머리라면 헤어드라이어를 쓰지 말자. 더 부스스해질 뿐이다. 지독한 곱슬머리라면 화학약품으로 억지로 펴지 않는 게 좋다. 곱슬머리에 아이돌 같은 느낌을 주려면 젤라틴이 들어가지 않은 헤어용품을 쓰는 게 낫다. 까마귀처럼 새까만 머리라면 금발을 욕심내지 말자. 무리하다가는 머리가 우수수 빠질 수도 있다.

내 스타일을 고려하자 짧은 상태로 유지하려면 여러 모로 손이 간다. 정기적으로 관리 받을 여유가 된다면 독특한 비대칭 컷도 괜찮다. 그렇지 않다면 더 다루기 쉬운 스타일을 택하는 편이 낫다. 컷 비용도 오르고 있으니 각자 손재주를 발휘해 보자. 씁쓸한 현실은 프로 디자이너가 만져 준 헤어도 내가 손질한 머리만큼 엉망이거나 심지어 그보다 못할 수도 있다는 것이다. 어차피 도박을 해야 한다면, 내가 직접 자른다고 해서 안 될 건 없지 않은가. ○

게일 오하라는 2000년대 중반부터 손수 앞머리를 잘라 왔고, 성공률은 약 80% 정도였다. 킨포크의 편집자 겸 『칙팩터Chickfactor』의 발행인으로 활동하고 있다.

TASTE OF FATE

운명의 맛

세상에서 가장 멋진 맛 중 몇 가지는
짜증을 내다가, 운이 없어서,
아니면 순전히 게으름을 피우다가
우연히 탄생했다.

WORDS BY ALYSSA HERZINGER &
ILLUSTRATIONS BY KATRIN COETZER

샌드위치 필요는 발명의 어머니라는 말은 이런 때 쓰는 것이다. 카드 게임에 푹 빠진 샌드위치 백작은 빵 두 쪽 사이에 고기를 끼워 가져오라고 하인에게 명했다. 손을 더럽히지 않고 로열 플러시를 내려놓기 위해서였다. 단순한 조합이니만큼 샌드위치 백작이 처음 이런 아이디어를 냈는지는 확실치 않지만, 그는 이 음식에 '빵 사이에 끼운 고기' 보다 더 그럴듯한 이름을 붙여 주었다.

아이스크림 콘 최초의 아이스크림 콘은 1800년대 유럽에서 그 기원을 찾을 수 있지만, 오늘날 우리에게 익숙한 아이스크림 콘은 미주리 주 세인트루이스에서 그럴듯하게 등장했다. 1904년 세계박람회 개최 기간 중 특히 무더웠던 어느 날, 서빙용 그릇이 동난 아이스크림 노점상이 주위를 둘러보다가 옆 노점에서 팔던 얇은 와플을 닮은 페이스트리를 발견했다. 둘은 힘을 합쳐 그릇처럼 둥글게만 페이스트리에 아이스크림을 담아 팔았고, 후대 사람들에게 칼로리를 한층 높인 여름의 맛을 선물하게 되었다.

감자칩 짭짜름한 감자칩을 둘러싼 이야기의 기원은 1853년 뉴욕 주 새러토가 스프링스의 한 리조트로 거슬러 올라간다. 감자튀김이 너무 두껍고 소금이 부족하다며 손님이 연거푸 퇴짜를 놓자, 짜증이 솟구친 요리사는 감자를 백지장만큼 얇게 썰어 파삭하도록 튀긴 다음 소금을 듬뿍 뿌려 내놓았다. 주방장의 의도와는 달리 손님은 새

요리를 맛있게 즐겼고, 이후 감자칩은 그 누구도 한 조각만 먹고는 지나칠 수 없는 마성의 존재가 되었다.

타르트 타탱 전해지는 이야기는 이렇다. 프랑스에서 타탱 호텔을 운영하던 두 자매 중 하나가 어느 날 눈코 뜰 새 없이 바빠서 디저트로 내려고 익히던 사과를 거의 태울 뻔했다. 재빨리 머리를 굴린 그녀는 사과 위에 페이스트리를 한 겹 덮어 반죽이 익을 때까지 구운 다음 캐러멜처럼 변한 사과가 보이도록 거꾸로 뒤집었다. 1800년대 말, 이 디저트가 두 자매를 대표하는 요리가 되면서 이들의 고향인 라모트 뵈브롱은 타르트 타탱이 태어난 곳으로 널리 알려졌다.

콘플레이크 1894년, 불규칙적인 식습관을 지닌 사람들을 위한 통곡물을 연구하던 존 하비 켈로그는 실수로 통밀을 너무 오랫동안 끓여 버렸다. 끓인 통밀을 밀어 폈더니 둥글넓적한 플레이크가

되었고, 굽고 나자 바삭해졌다. 존의 동생은 옥수수도 같은 방법으로 조리했고 켈로그 콘플레이크는 곧 전 세계적으로 히트 상품이 되었다.

샴페인 17세기 프랑스, 수도사 돔 페리뇽은 난관에 부딪쳤다. 따뜻한 봄 날씨 탓에 들여온 와인이 2차 발효되어 거품이 차면서 뚜껑이 터지듯 열려 버렸던 것이다. 다른 소믈리에처럼 골칫거리인 공기방울을 빼내는 대신, 돔 페리뇽은 포도, 발효 과정, 통 등을 이리저리 시험한 끝에 마침내 그 유명한 샴페인을 탄생시켰다.

치즈 퍼프 1930년대부터 전해 오는 일화에 따르면, 위스콘신의 어느 가축사료 공장에서 기계가 막히지 않도록 젖은 옥수수가루를 부어 넣었다고 한다. 옥수수가루가 뜨거운 기계를 통과하면서 몽글몽글 부풀면 모두 버려졌다. 어느 날 일꾼 하나가 부푼 옥수수가루 덩어리를 집으로 가져가 기름과 치즈를 뿌려 다시 공장에 가져왔다. 치즈 맛이

나는 부푼 옥수수가루 덩어리는 선풍적인 인기를 끌었고, 결국 「콘 컬스Korn Kurls」라는 이름으로 대량생산되었다.

맥주 인류가 제빵의 비밀을 발견하고 난 뒤였다. 비가 오던 어느 날, 제빵사가 갓 구운 빵이 든 그릇을 실수로 밖에 내놓고 잊은 탓에 빵은 며칠 동안 빗물에 잠겨 있었다. 문득 바깥에 둔 빵 그릇을 떠올린 제빵사가 나가 봤더니 빵은 야생효모가 발효하면서 생겨난 거품이 이는 황금빛 액체에 잠겨 있었다. 뭐든 가리지 않고 맛보는 성격이었는지, 몇 모금 마셔 본 제빵사는 그때까지 경험하지 못한 새로운 즐거움을 발견했다.

사워도우 맥주와 마찬가지로 최초의 사워도우 덩어리 또한 방치해 둔 야생효모로 만들어졌다. 지금으로부터 몇 세기 전, 또 한 명의 건망증 심한 요리사가 밀가루와 물을 섞어 반죽한 다음 며칠간 놓아두었다. 그 사이 공기 중의 효모가 밀가루

에 있는 당분을 발효시켰다. 며칠 뒤 요리사는 기포가 가득한 반죽을 발견했고, 게을러서였는지 천재적이어서 그랬는지 기발하게도 빵 반죽을 부풀리는 데 썼다. 톡 쏘는 풍미를 지닌 최초의 사워도우 빵은 이렇게 우연히 탄생했다.

나초 1943년, 이나시오 나초 아나야는 새로운 애피타이저가 없냐고 묻는 점심 단골손님들에게 내놓을 만한 것을 찾으려고 부엌을 둘러보았다. 그리고 갓 구운 토르티야를 네 조각으로 썬 다음 치즈를 갈아 뿌리고, 오븐에 넣기 직전 할라페뇨를 얇게 썰어 얹었다. 손님들은 새로운 요리를 게걸스럽게 먹어치웠고, 다음날이 되자 모두들 나초의 스페셜 요리를 주문했다. ○

알리사 헤르징거는 태평양 연안의 미 북서부 지방과 하와이의 호놀룰루를 오가며 작가 겸 배우 생활을 하고 있다. 현재 프랑스어 석사학위 과정을 밟는 중이다.

THE WRONG SIDE OF THE BED

운수 좋은 날

때로 그런 날이 있다. 자명종이 울리지 않아 늦잠을 자고, 커피에 휴대폰을 빠뜨리고,
스타킹에 치맛단이 낀 채 집을 나서고, 커다란 물웅덩이를 밟는 날. 아직 아침 8시도
되지 않았는데 일이 꼬일 대로 꼬이는 그런 날. 운수 좋은 날을 보내는 방법을 전한다.

PHOTOGRAPHS BY MAIA FLORE

3:00 A.M. 죽었다 깨어나도 잠이 올 것 같지 않은 밤이다. 머릿속은 의미도 없는 온갖 잡생각들로 넘쳐 난다. 잠을 부르는 데 탁월한 효과를 자랑하는 백 마리 양 생각만 빼고.

8:00 A.M. 드디어 눈을 좀 붙이나 했더니만 늦잠을 자는 바람에 아침 일과를 후딱 해치워야 한다. 하루를 열어 줄 진한 커피를 내릴 시간조차 없다.

9:10 A.M. 간신히 출근 시간대에 회사에 도착하는 데는 성공했지만, 아침나절에 거울을 들여다보는 걸 잊었다는 사실을 깨닫는다. 101마리 강아지를 훔친 크루엘라 드빌 같은 꼴을 하고 있으니, 요즘 내가 로커빌리(열정적 리듬의 재즈음악)에 빠졌나 보다고 동료가 생각해 주길 바랄 밖에.

10:00 A.M. 라테를 사러 몰래 빠져나오는 데 성공한 것까지는 좋았으나, 카페인을 충전하려는 은밀한 음모는 한 장뿐인 셔츠에 커피를 왈칵 엎지르면서 수포로 돌아가고 만다.

11:30 A.M. 인터넷이 버벅거린다. 그 말인즉슨 업무는 커녕, 휴대폰으로 리서치를 한답시고 블로그를 돌아다니며 노닥거리지도 못한다는 뜻이다.

1:30 P.M. 아무 맛도 나지 않는 점심을 꾸역꾸역 밀어 넣고 사무실로 돌아오자, 오후 미팅 준비가 되어 있지 않다는 사실을 깨닫는다. 게다가 항상 그랬듯이 상사가 갑자기 급한 일거리를 들이민다.

4:45 P.M. 산더미처럼 쌓인 일거리를 해치우는 와중에 아까 나눠 받은 동료의 생일케이크를 카펫에 떨어뜨린다. 한 조각 더 받으러 가 보았지만 3층의 크레이그가 이미 해치운 지 오래.

5:00 P.M. 아침에 세워 둔 차로 걸어가 보니 오가는 새들의 공중화장실이 되어 있다. 잠긴 문 너머로 앞좌석 한가운데에 대롱대롱 걸려 있는 열쇠가 보인다.

5:30 P.M. 결국 버스를 타고 귀가하기로 결정. 수성이 역행해서 종일 일진이 나빴는지, 아니면 보름달이 떠서 그런 건지 궁금할 따름이다. 알고 보니 둘 다였다.

6:15 P.M. 싱크대 서랍에서 태국 음식 배달 메뉴를 찾는다. 나락으로 떨어지는 순간에도 가벼운 기분으로 웃는 편이 낫지 않은가! 모든 게 너무 빨리 돌아가는 세상, 잠시 속도를 늦추고, 심호흡을 하고, 스카치를 한 잔 따라 마시자. ○

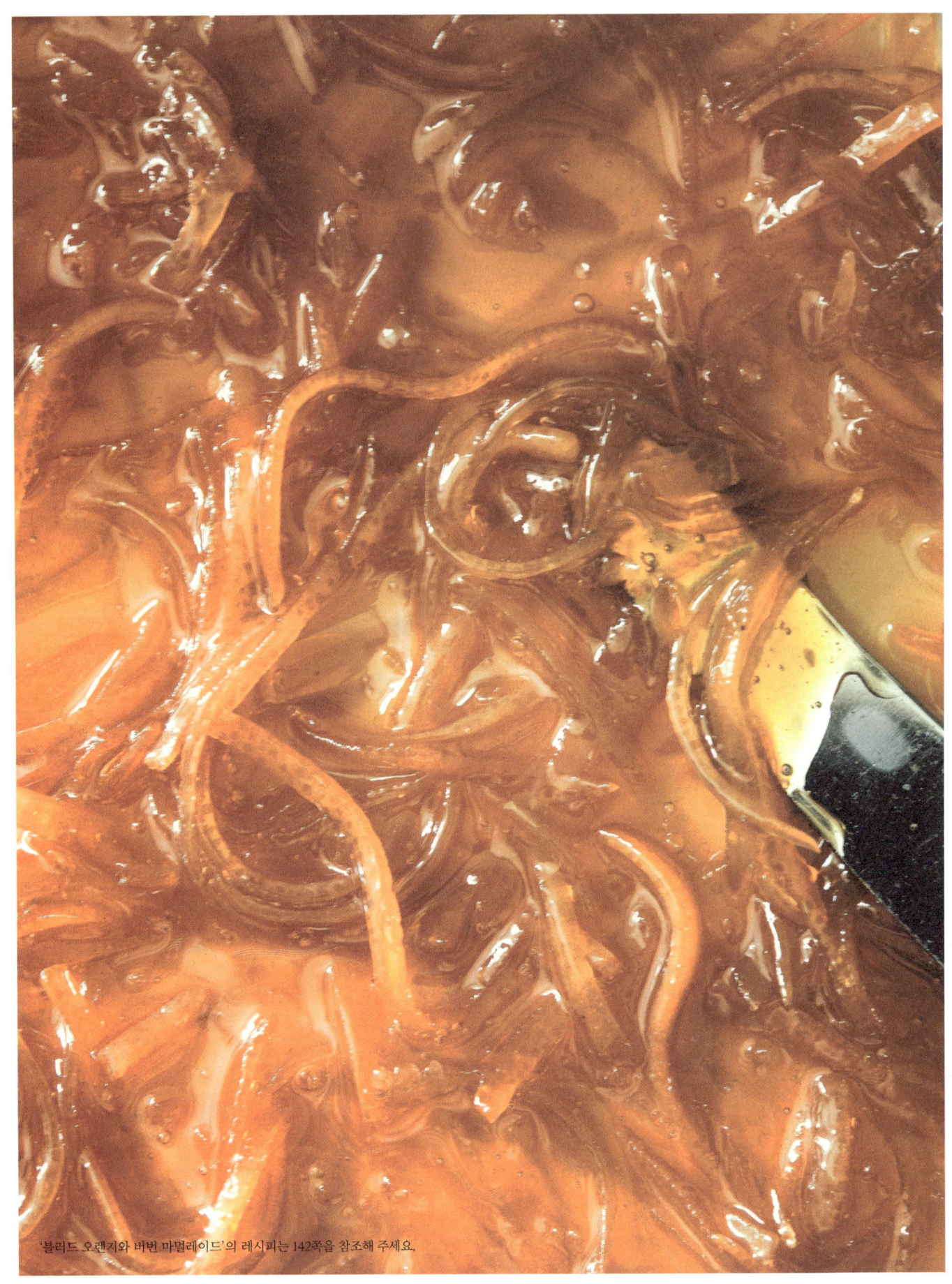

'블러드 오렌지와 버번 마멀레이드'의 레시피는 142쪽을 참조해 주세요.

TO THE BITTER END

쌉싸름한 목표를 향하여

WORDS BY LIZ CLAYTON & PHOTOGRAPHS BY KATHRIN KOSCHITZKI

마멀레이드 만들기는 혼을 빼놓는 일이다. 온통 끈적이는 주방, 까맣게
눌어붙은 냄비, 과즙이 스며들어 아릿한 상처만 남긴 채 끝나기도 한다.
그러나 이런 실패마저 재밌는 경험이라고 여기는 사람들도 있다.

베이킹은 화학이고 요리는 예술이라고들 한다. 그 말이 맞다면 마멀레이드 만들기는 요동치는 체스판 위에서 제멋대로 움직이는 말을 쥐고 나 자신을 상대로 두는 체스에 비할 수 있다(게다가 한 번 시작하면 빼도 박도 못한다). 구질구질했던 지난겨울, 나는 정신없이 퍼붓는 눈 때문에 심란해진 머리를 식혀 줄 샛노란 빛을 찾아, 몇 번이고 눈에 띄지도 않는 신선한 감귤류를 구하러 다녔다.

마멀레이드에 관한 한 사람들은 꽤 까다롭다. 맛, 당도, 과피의 양, 심지어 마멀레이드라는 게 정말 사람이 먹을 만한 것인가에 이르는 다양한 주제를 두고 무수한 입씨름이 벌어진다. 직접 마멀레이드를 만들면 내가 좋아하는 쌉쓸한 과피의 밸런스를 맞출 수 있다. 비록 내가 부엌의 천재는 못 되지만 조리법을 따라할 수는 있으니 말이다. 하지만 알고 보니 그것만으로는 충분하지 않았다.

마멀레이드 만들기보다 더 짜증나는 일은 없을 거라 단언한다. 똑같은 조리법, 과일, 조리기구를 사용해도 방금 전에는 완벽하게 성공했는데 이번에는 풀처럼 굳고 그다음 것은 너무 묽어서 줄줄 흘러내린다. 실패하면서 배운다는 생각으로 시작했던 첫 시도는 생각보다 쉽게 풀렸다. 마멀레이드란 눈 깜짝할 사이에 굳는다는 걸 알았고, 조금만 조절하면 알맞은 농도로 만드는 것은 문제도 아니라고 생각했다. 두 번째 시도는 어땠냐고? 완벽했다. 농도도 당도도 딱 좋았다. 그러나 이후 계속된 시도는 마치 운명의 장난처럼 지난 성공작과 제각기 달랐다. 마음속에는 전처럼 성공해 보이겠다는 오기가 피어올랐다.

그 뒤로 위급 상황이 끊이지 않았다. 병에 다시 담거나, 막판에 사과즙을 넣거나, 다시 끓이거나, 아예 만들던 것을 통째로 쓰레기통에 처박아야 했다. 절망감에 잠겨 겸허한 마음으로 파티셰 친구에게 메일을 보냈다. 사실 친구의 전공 분야에서 내 스스로 일궈낸 성공담을 들려주며 감동시키고 싶은 마음도 있었다. "비결이 뭐야? 내가 뭘 실수한 거지?" 친구의 답장은 이랬다. "만들 때마다 달라. 나는 봐 가면서 조절해." 어처구니없는 조언이었다.

급기야 나는 마멀레이드를 제대로 만드는 방법을 찾는 데 혈안이 되었고, 어찌된 영문인지 갈수록 미궁에 빠지는 기분이었다. 생각해 보니 언제나 최악의 타이밍이었다. 한두 시간밖에 없는데도 전날 밤 오렌지를 물에 담가 두거나, 원고 마감 직전에 홀린 듯 주방에 들어가 철 지난 오렌지를 미친 듯이 썰었다. 레인지에 눌어붙은 거무튀튀한 설탕 자국, 재료비, 냄비를 젓는 데 걸린 시간, 데인 손도 기분 나빴지만, 괴물을 사로잡지 못한 채 의기소침해 있는 자신이 너무나 초라하게 느껴졌다.

설탕의 양, 온도, 냄비의 크기, 밤새 과일을 물에 담가 두었는지의 여부, 통째로 끓이기, 화난 채로 조리하기, 친구와 만들어 보기 등 각종 변수를 계속 바꿔 끈질기게 시도하던 나는 불현듯 깨달았다. 만드는 과정이 쉽다면 이를 즐기지 못했을 터였다. 매번 똑같은 결과물이 나온다면, 광귤을 찾아 도시 반대편까지 가지도, 마멀레이드 만들기에 중독되지도 않았을 것이다.

마멀레이드와의 사투에서 승리에 이르기까지의 과정은 심리치료에 버금가는 일종의 게임이 되었다. 구하기 힘든 제철 감귤에 대한 열정에 불을 붙이는 동시에 나 자신에 대한 믿음을 산산조각 내는 게임이었다. 그리고 불가사의하게도 유일하게 성공한 두 번째 마멀레이드만큼이나(아니, 어쩌면 그 이상일지도 모른다) 기적적으로 마멀레이드를 되살려낸 경험과 잇따른 실패마저도 사랑하게 되었다. 그리고 지금까지 시험해 본 레시피 어디에도 나와 있지 않았던 필수 재료 두 가지가 있다는 사실을 깨달았다. 바로 인내와 믿음이었다. ○

리즈 클레이튼은 브루클린에 사는 작가 겸 사진가로 『시리어스 이츠Serious Eats』, 『글로브 앤드 메일The Globe and Mail』, 『요 라 텡고 가제트The Yo La Tengo Gazette』에 작품을 실었다. 2013년에는 『행복한 커피 타임Nice Coffee Time』을 출간했다.

THE ART OF IMPROVISATION

즉흥에서 피어난 예술

WORDS BY MARGARET EVERTON & PHOTOGRAPH BY MAIA FLORE

대사, 악보, 쇼핑 목록을 잊었다면 즉흥적으로 대처할 수밖에 없다.
때로 최고의 작품은 통제와 혼돈 사이의 아슬아슬한 기로에서 탄생한다.
그 에너지를 제대로 활용한다면 즉흥적인 삶의 순간들을 즐길 수 있을 것이다.

스트라스부르를 돌아다니며 숨은 맛집을 찾기에는 너무 추웠던 어느 겨울, 미식 기고가 M.F.K. 피셔가 라디에이터에 귤을 데워 먹었다는 이야기는 유명하다. 1939년 잼 세션에서 찰리 파커는 선율을 따라 12음의 반음계 중 어떤 음으로든 옮겨 갈 수 있다는 사실을 깨달아 재즈 솔로에 혁명을 불러일으켰다. 영화 「몬티 파이튼의 성배Monthy Python and the Holy Grail」에서 몬티는 말을 구하지 못하자 코코넛을 맞부딪쳐서 말발굽 소리를 냈다. 역사는 이처럼 번득이는 즉흥적인 아이디어로 가득하다.

그 자리에서 생각해 낸 대안은 우연히 걸작을 만들어 낼 수 있지만 사람들을 불안케 하기도 한다. 잔꾀로 똘똘 뭉친 그럴듯한 모습에 찬물을 끼얹는 반항아인 셈이다. 그 때문인지 변덕스럽고 가벼우며 자제력이 없다는 평판이 돌기도 한다.

시인 존 키츠가 언급한 '부정적 역량'을 얻으려고 갑자기 불규칙한 생활을 하거나 집 안 곳곳에 빨랫감을 늘어놓을 필요는 없다. 즉흥이란 황홀감과 스릴 넘치는 불확실한 경험이다. 즉흥은 창의성이 나태함을 이기는 짧은 순간 모습을 드러낸다.

진정한 즉흥은 길들일 수 없고 가끔 눈에 띌 뿐인 불가해한 존재이다. 내가 잠시 경험한 즉흥의 정체는 이랬다. 언젠가 디너 파티에서 옆자리에 앉았던 남자가 어떤 단어가 주어지자마자 말 안 듣는 고양이에 대한 재밌는 오행시를 쏟아 냈다("먼 옛날 켄트에서 온 고양이가 살았지…"). 파리에 머물던 시절에는 이런 일도 있었다. 집 밖을 나서지 못할 만큼 폭풍이 몰아쳤을 때, 룸메이트가 냉장고에서 신통찮아 보이는 음식 재료들을 끄집어내더니 팔짱을 낀 채 살펴보고는 고급 셰퍼드 파이 같은 것을 만들었다. 파이 껍질이 오븐에서 타 버렸지만 친구는 맛깔난 레드와인을 한 모금 들이키며 별 일 아니라는 듯 털어 버렸다. 그렇게 타 버린 파이 껍질은 우리에게 인상 깊은 저녁을 선사해 주었다. 나는 살짝 그을린 음식을 즐기면서 어렴풋하게나마 행복의 의미를 깨달았고, 지금까지도 그때의 느낌을 행복의 기준으로 삼곤 한다.

그러나 즉흥적인 삶을 무모함과 혼동하지는 말자. 탱고를 망쳐 놓는 초보, 무면허 운전자, 잊을 수 없는 룸메이트의 수제 칵테일 등 무지함에서 비롯된 즉흥은 당황스럽다. 제대로 된 즉흥은 대개 정해진 이론에 약간의 창의성을 더해 유연하게 변화시킨 것이다. 우선 하려는 행동에 숨겨진 테크닉을 빠짐없이 익힌 뒤에 그를 뛰어넘어야 한다. 암벽등반가가 줄 하나에만 의지한 채 1,200미터 높이에서 자유자재로 움직이기까지 얼마나 오랫동안 훈련할지, 화가가 자신만의 테크닉을 만들어 내기까지 갈아 치운 캔버스가 몇 개나 될지 떠올려 보자. 로버트 드 니로는 영화 「택시 드라이버Taxi Driver」에서 거울을 보며 전설적인 대사 "나한테 말하는 거야, 새끼야?"를 읊기 전 유명한 연기 학교를 두 군데나 다녔다. 대본에는 혼잣말을 하라고만 적혀 있었기 때문이다.

그런데도 우리는 어째서 '미지'의 상황에 기대려 할까? 아마도 즉흥적인 행동이 은연중에 우리를 한 단계 더 업그레이드시켜 주기 때문일 것이다. 코코넛을 맞부딪치던 장면 덕분에 유명해진 존 클리스는 '창의성은 재능이 아니라 작업방식'이라고 말했다. 즉흥은 갑자기 찾아온 삶의 불청객을 어떻게 맞아야 하는지 알려 준다. 갑자기 비행기의 항로가 바뀌는 바람에 솟구치는 울화를 누그러뜨려야 할 수도 있다. 예상치 못한 이별을 극복할 방법을 찾아야 할 수도 있다. 어쩌면 친척들이 느닷없이 고픈 배를 안고 무작정 우리 집으로 들이닥칠 수도 있다. 그 식사를 차리다가 홀랑 태워 먹을지도 모른다. 하지만 실수할 수도 있다고 웃어 넘기며 쉽게 상황을 모면한다면 심각하게 고민하는 것보다 훨씬 나을 것이다. ○

마가렛 에버튼은 예술 및 문화 기고가로서 사람들이 무엇을, 어떻게 만들어 내는지 유심히 살피곤 한다. 오레곤 주 포틀랜드에 살면서 맛을 종잡을 수 없는 프랑스 요리를 즉흥적으로 만들어 보고 있다.

TWO

너와 나 둘이서

○ ○

SEEING DOUBLE

하나? 둘?

PHOTOGRAPHS BY NEIL BEDFORD & ART DIRECTION BY CHARLOTTE HEAL
STYLING BY RACHEL CAULFIELD

일란성 쌍둥이는 서로의 완벽한 복제판처럼 보이지만 거울처럼 닮은 모습을
자세히 살펴보면 주근깨보다 훨씬 많은 미세한 차이들이 드러난다.

고등학교 생물 시간에 배웠던 내용과 달리, 일란성 쌍둥이는 사실 완벽히 똑같지는 않다. 같은 수정란에서 분열되고 이론적으로는 동일한 염색체와 게놈을 갖고 있지만 DNA는 미세하게나마 다르다. 이 같은 차이는 쌍둥이 중 한 명은 아버지가 맡아서 크로스컨트리 선수로 키우고, 다른 한 명은 엄마가 프로 바이올리니스트로 키우는 것처럼 단지 자라면서 겪는 환경의 변화 때문만은 아니다. 자연은 '유전적 분화'라는 현상으로도 영향력을 발휘하기 때문이다. 그 결과 쌍둥이 중 한쪽이 2cm 정도 크거나, 턱선이 다르거나, 한쪽은 달콤한 맛을 좋아하는데 다른 한쪽은 질색하는 경우가 생긴다. 이런 미세한 차이야말로 쌍둥이를 서로의 복제판이 아닌 개별적인 존재로 만들어 주고, 자기만의 성격, 사고방식, 주장을 갖게 한다. 이처럼 경이로운 현상을 좀 더 깊이 이해하고자 런던에 거주하는 쌍둥이 몇 쌍을 만나 사진을 찍고 서로 닮은 점과 다른 점에 대하여 인터뷰해 보았다.

—

TIDA AND LISA

쌍둥이로서 다른 점이 있다면?

리사: 과학적으로 보면 우리는 소위 '거울 쌍둥이'예요. 난자가 느지막이 분열되면서 생기는 쌍둥이로 일란성쌍둥이(난자 한 개에서 생겨난 쌍둥이) 중 소수에서 발생하죠. 이 경우 정반대의 능력과 성격을 갖게 된답니다. 가령 저는 오른손잡이이고 타이다는 왼손잡이죠. 저는 좌뇌가 발달했고 타이다는 우뇌가 더 발달했어요. 저는 좀 더 논리적인 반면 타이다는 창의적인 타입이죠. 하지만 저는 사람이란 유전뿐 아니라 후천적 양육, 지식, 환경에 의해서도 형성된다고 믿어요. 제 경우, 아마도 제가 먼저 태어났다는 사실을 알고 있었기 때문에 동생을 보호하는 언니의 역할을 맡게 되었을 거예요. 거울 쌍둥이 개념에 대한 지식 또한 얼마간 영향을 미쳤을 테고요.

ANNA AND SONIA (LEFT)

어떤 점이 서로 비슷한가요?

소냐: 신체적으로는 상당히 비슷하지만 정신적으로는 딴판인 페르소나를 지니고 있어요.
달콤한 타입과 새콤한 타입이라고나 할까요. 사람들은 언제나 우리의 목소리나 능력을 비교해요.
마치 둘 중 한쪽이 다른 쪽보다 더 잘해야 한다는 듯 말이죠.

LINDSEY AND CARRIE (ABOVE)

쌍둥이로 사는 것의 단점이 있다면?

린지: 전혀 없어요. 학교에서 단체사진을 찍을 때 대칭을 맞추려고 책버팀이라도 되는 것처럼 양쪽 가장자리에
서라고 하는 것과, 생일을 공유해야 한다는 것만 빼면요. 어렸을 때는 분명 선물 탓에 삐치곤 했을 거예요!

MEGAN AND KATHRYN (ABOVE)

쌍둥이 자매를 두었다는 데 단점이 있다면?

카트린: 때로는 장점이 단점이 되는 경우가 있는 것 같아요. 이를테면 누군가 항상 곁에 있어 준다는 것처럼요.
또 사람들이 저희를 보고 메건과 카트린이라는 이름 대신 '쌍둥이들'이라고 뭉뚱그려 부르기도 하는데,
그건 나이가 들면서 변하는 것 같아요.

CHARLOTTE AND ANOUK (PAGE 60)

쌍둥이를 둘러싼 고정관념에 얽힌 경험이 있나요?

샬럿: 다섯 살 때 넘어져서 테이블 모서리에 머리를 부딪친 적이 있어요. 출혈이 심해서 부모님이 병원에 데려가
상처를 꿰매 주셨죠. 의외로 저는 전혀 울지 않았어요. 정작 울면서 소리를 질러댄 건 아눅이었죠! ◦◦

THE EXTREMISTS' GUIDE TO HOME DECOR

극단주의자를 위한 집 단장 가이드

아무것도 버리지 않고 쌓아 놓는 타입인가, 아니면 결벽증 환자인가? 바람직하다고는 할 수 없지만 집 단장의 틀을 깨는 몇 가지 팁을 소개한다.

WORDS BY GAIL O'HARA &
ILLUSTRATIONS BY SARAH JACOBY

THE MINIMALISTS' GUIDE TO BULKING UP

미니멀리스트를 위한 집 안 채우기

앉을 자리를 마련한다 임즈 알루미늄 그룹 의자를 온라인에서 찾고 있지만, 2023년이나 되어야 돈을 다 모을 것 같다고? 그 사이에 어딘가 앉을 자리를 마련하자. 엉덩이가 감사 인사를 보내올 것이다.

스테레오의 모험 지금까지 LP 시대에서 CD 시대를 거쳐 이제는 MP3가 대세인 세상이 되었다. 이때껏 소장한 모든 음악이 당신 호주머니에 들어 있을 것이다. 짐이 모두 없어졌으니 실로 축하할 만한 일이다. 자, 이제 버킷리스트에 '턴테이블로 음악 듣기'라는 따스하고 즐거운 경험을 써넣어 보자.

빈 서판 빈 액자를 건다 해서 크게 문제되지는 않겠지만, 좀 더 사람 냄새가 나는 무언가를 끼워 넣는 건 어떨까? 물론 벽에 못을 박으면(그래서 납 성분이 가득한 페인트 부스러기가 먼지 하나 없는 공간에 퍼지면) 내심 상처를 받을 수도 있다. 하지만 허옇고 무미건조한 벽에 색다른 볼거리가 있는 것도 나쁘지 않은 일이다.

옷장 안에서 옷이 너무 적고, 비싼 데다, 까다로운 안목 때문에 72시간마다 입을 옷이 동나 버리는가? 안심하고 텅 빈 것이나 다름없는 옷장에 몇 가지 아이템을 더하길 바란다. 세탁기 앞에서 종종거리는 시간이 줄어들도록 말이다.

THE ACQUISITIONISTS' GUIDE TO LETTING GO

죽어도 못 버리는 사람을 위한, 물건을 떠나보내는 법

정리의 달인 잔뜩 쌓인 멋진 물건에 둘러싸여 있는 것을 즐기는 사람이 있다. 그래도 어마어마한 양의 사진, 금이 간 찻잔, 1960년대에 쓰던 고장 난 폴라로이드 카메라를 좀 더 깔끔하게 정리할 방법은 있다. 중고품 가게에 가서 유리 장식장이나 튼튼한 철제 책장을 찾아보길 권하고 싶지만, 더 많은 물건을 사들고 돌아올 위험이 있다. 귀중한 짐을 반투명 유리 파티션 뒤에 숨기거나, 멋스러운 옛 도서카드 목록을 사서 정리해 보자.

귀중한, 너무나도 귀중한 수집가가 되는 것까지는 좋다. 그러나 설치 예술이랍시고 쌓아 올린 더러운 접시들은 누가 봐도 그저 쓰레기 더미일 뿐이다. 어릴 때부터 빈티지 보석함이나 도자기 인형을 모으곤 했는지 모르지만, 친한 사촌이 잡동사니를 하나 선물했다는 이유로 평생 이고 살 필요는 없다. 그 누가 알겠는가, 구석에서 먼지를 뒤집어쓴 허섭스레기 중 짭짤한 금액에 팔아 치울 수 있는 물건이 있을지.

액자 게임 예술작품을 잔뜩 소장하고 있는 자부심 가득한 컬렉터라 해도, 모든 작품을 죄다 벽에 걸어 두기에는 무리가 있다. 집 안에는 특별히 신경 써서 소중한 추억들로만 꾸미는 편이 보기 좋다. 한 마디 덧붙이자면 제발 박제한 곤충 액자는 넣어 두기 바란다.

듣고, 보고 방 한 구석에 쌓아 둔 CD나 레코드를 일 년 동안 한 번도 듣지 않았다면 세상에 양보하자. 누군가에게 팔아도 좋고, 몇 장은 선물로 주거나 근처 도서관이나 레코드 숍에 기증해도 좋겠다. 책도 마찬가지이다. 진심으로 아끼는 책이 아니라면 누구든 가져갈 수 있도록 공원의 벤치나 카페에 놓고 오자.

편한 발을 위하여 십 년 넘게 힐을 신지 않았는데 박물관에서나 볼 성싶은 반짝이 플랫폼 슈즈, 금박을 입힌 가짜 미우미우 구두, 아슬아슬한 굽의 펌프스가 쌓여 있다. 누군가 신을 수 있도록 다시 세상으로 돌려보내자. 서른 개의 구두 상자를 열어 보지 않고도 가장 좋아하는 스니커즈를 한 번에 찾을 수 있는 행복한 광경을 상상해 보자.

IMPERFECT PITCH

완벽하지 않은 음

WORDS BY TRAVIS ELBOROUGH & PHOTOGRAPH BY ANJA VERDUGO
STYLING BY ALISON BRISLIN

오토튠 프로그램이라도 사용하지 않는 한, '완벽한 음악'이란 없다.
음악에 숨결을 불어넣어 준 틈새를 유심히 들여다보았다.

17세기에 안토니오 스트라디바리가 제작한 바이올린(이른바 스트라디바리우스)은 음악적으로 완벽에 가까운 위상을 자랑한다. 그러나 과학계에서는 오히려 스트라디바리우스가 지닌 결점 덕분에 더욱 뛰어난 소리가 난다고 주장한다. 그 특유의 음질은 수 세기 동안의 서툰 보수로 다져진 최상의 결과물이라는 것이다. 마찬가지로, 생소하고도 새로운 경험을 선사해 준 팝 역시 완벽과는 거리가 멀었다.

1950년대: 로큰롤을 향한 가시밭길 도입부의 스네어-비트 스냅으로 로큰롤의 신호탄을 울렸던 빌 헤일리의 「Rock Around the Clock」에 담긴 덜거덕거리는 드럼 사운드는 서둘러 믹싱을 끝내라고 잔소리하던 프로듀서 덕분에 세상의 빛을 보게 되었다. 문제의 곡은 B면에 실려 있었는데, 정작 그는 A면에 더 공을 들이기 위해 그냥 내버려 두었던 것이다. 그러나 곡에 담긴 완벽하지 않은 거친 느낌은 양면 음반을 처음 접한 세대들 속에서 빠르게 번져 나갔다.

1960년대: 엇나간 삼바 나이트클럽에서 음치 가수의 반주를 하는 데 이골이 난 뉴튼 멘돈사와 「The Girl From Ipanema」를 쓴 전설적인 작곡가 안토니오 카를로스 조빔은 앙갚음할 심산으로 「Desafinado」('어긋난 곡조'라는 뜻)라는 조롱 섞인 곡을 만들었다. 부르기는 꿩장히 어렵지만 귀에 착착 감기는 이 곡은 급기야 보사노바 붐을 일으켰다. 실력 없는 가수가 아름다운 브라질 음악에 창의성을 더해 준 것이다.

1960년대 : 왕의 얼버무림 오레곤 주 포틀랜드 출신의 밴드 킹스멘은 싱글 「Louie, Louie」의 유명한 재킷 사진으로 잘 알려져 있다. 단 한 번의 녹음으로 1960년대 개러지 록의 출발을 알린 그 곡은 잭 일리가 한 소절을 얼버무린 덕분에 훨씬 스릴 있는 노래로 변신했다.

1970년대: 코드 세 개 1970년대 프로그레시브 그룹의 기교 넘치는 연주 행각이 지겨워진 나머지, 펑크 장르에서는 코드를 세 개만 익혀 밴드를 결성하자고 입 모아 말했다. 더 이상 세밀하게 연주할 필요가 없어지자 사람들은 내키는 대로 자유롭게 창작해 냈고, 펑크는 몇 백만 명의 사람들에게 당장 악기를 집어 들고 연주해 보라며 용기를 불어넣어 주었다.

1980~1990년대: EDM의 에러 롤랜드 808은 타이밍이 너무 불규칙한데다 진짜 드럼과는 너무도 동떨어진 소리를 낸 나머지, 1983년 생산업체가 시장에서 철수시킨 드럼 머신이다. 이후 특유의 음질을 선호했던 테크노의 선구자들이 헐값에 사들였고, 그 결과 롤랜드 808은 랩, 레이브, 댄스 음악의 심장이 되었다.

2000년대: 오토튠 음악에서 완벽함이 꼭 환영받지는 못한다는 것을 알려 주는 확실한 증거가 있다. 음정을 교정해 주는 소프트웨어 '오토튠'은 음반뿐 아니라 콘서트의 라이브 공연에서조차 음정에서 벗어난 노랫소리는 모조리 없애 버렸다. 그 결과 오토튠을 사용한 대부분의 음반이 로봇처럼 단조롭고 지겨우리만큼 비슷한 소리를 내게 되었다.

2010년대: 디스크를 깨부수다 지난 10여 년 사이 비닐 레코드가 부활했다. 완벽한 디지털 복제 시대에 불완전하고 지저분한 음악을 열망하는 징조일까? 레코드의 매력은 재생할 때마다 흠집을 더한다는 것이다. 바늘에 긁힌 자국은 더 풍부한 음색을 만들어 낸다. 사랑을 듬뿍 받아 흠집이 가득한 싱글이나 LP는 세상에 하나뿐인 특별한 물건이 된다. 레코드를 들을 때마다 음반을 망치는 게 아니라 다른 복제판에 없는 특징을 더해 주는 것이다. 때로 흠이 많을수록 소리는 더 완벽에 가까워지기도 한다. ○○

*트래비스 엘보로*는 『비닐 카운트다운: LP에서 아이팟으로, 다시 원점으로*Vinyl Countdown: The Album from LP to iPod and Back Again*』의 저자이며 킹스멘의 레코드 4장을 소장하고 있다.

RAISING THE BARRE

완벽한 아름다움을 향해

결코 도달할 수 없는 목표인 '완벽'을 위해 발레리나는
고통스러운 노력을 기꺼이 감내한다. 뉴욕시티발레단의 웬디 웰런이
도전과 환희의 순간으로 가득한 30년의 발레 인생을 우리에게 들려준다.

WORDS BY GEORGIA FRANCES KING & PHOTOGRAPH BY JOSS MCKINLEY

발레리나는 가장 강인한 사람들에 속한다. 중력의 존재마저 무시한 채 성냥갑만 한 바닥 위에서 가 녀린 몸의 균형을 잡는 그들은 뜨거운 석탄 위를 걷는 사람들처럼 초인적인 인내심을 지니고 있 다. 하지만 무대에서 선보이는 당당한 아름다움은 한순간에 사람들을 매혹시킨다. 발레는 육체적으 로나 정신적으로나 인간이 추구할 수 있는 가장 힘겹고 창의적인 노력이며, 완벽을 구현해야 한다는 부 담감 또한 그 어느 분야보다 크다. 뉴욕시티발레단의 무용수로 30년을 활동한 웬디 웰런은 그 고충을 누구보다 잘 알고 있다. 그녀는 올해 말 이 발레단에 작별을 고하고 현대 무용의 세계를 향해 새로운 여 정을 시작할 예정이다. 타고난 열정과 활력 덕분에 지금껏 그녀는 발가락을 옥죄는 토슈즈처럼 영혼을 무겁게 짓누르던 압박감에 한순간도 굴복하지 않았다. 그녀의 47번째 생일에, 우리는 완벽이 지닌 변 화무쌍한 얼굴에 대한 그녀의 생각을 들어 보았다.

한 선생님에게 "넌 영재는 아닌 것 같구나."라는 말을 듣고, 당신은 그래서 다행이라고 대답했다죠. 이유가 뭔가요?
어른이 되고 나면 완벽에 이르는 건 불가능하다는 사실을 잘 알게 되죠. 하지만 어릴 때는 그걸 몰랐 어요. 선생님이 그렇게 말씀하셨을 때 저는 "그래서 영재가 되고 싶어요!"라고 이야기했죠. 사실 그분 은 제가 지닌 강인한 의지와 열정이 저를 성공으로 이끌어 주리라는 걸 알고 계셨던 거예요. 그분이 옳 았어요. 도전 정신은 저를 움직이는 가장 큰 힘이었고, 저는 남들보다 조금 더 노력하면서 행복을 느 꼈으니까요. 제가 아는 사람 중엔 영재도 많지만 한결같은 열정을 유지하기란 그들에게도 쉬운 일이 아닐 거예요.

당신은 외모, 체중, 신장 등 불리한 신체 조건을 극복한 데다, 심각한 척추측만증도 묵묵히 이겨 낸 것으로 알고 있어요. 척추가 굽는 증세가 춤을 추는 데 어떤 영향을 주었나요?
12살 때 종아리 근육통으로 정형외과를 찾았다가 제 병에 대해 알게 되었죠. 척추측만증 검사를 마친 의사가 이렇게 말하더군요. "이런, 척추가 많이 휘었구나." 그래서 여름 내내 병원을 들락거려야 했어 요. 일주일 동안 척추 견인 장치를 하고 꼼짝없이 누워 있었죠. 그러고 나니 키가 4cm 정도 자랐더군요. 그 후에는 어깨부터 엉덩이까지 한 달이나 깁스를 한 다음, 다시 입원해 견인 장치에 들어갔어요. 7kg 이나 되는 석고붕대를 하고 있어야 해서 연습하기는 틀렸구나 생각했는데, 고맙게도 선생님들이 이렇 게 말씀해 주셨죠. "넌 지금도 잘 이겨 내고 있으니 오지 말라고 말리지는 않을게. 연습실에 와서 네가 할 수 있는 것들만 하렴. 다리를 최대한 높이 드는 연습만 해도 된단다." 하지만 다리가 그다지 높이 올 라가지 않아 오히려 다른 테크닉을 익히는 데 집중할 수 있었어요.

신체적 제약은 정신적으로 어떤 도움이 되었나요?
신체적 한계 덕분에 좀 더 대담해졌어요. 다리가 높이 올라가지 않는 대신 턴 아웃 연습에 전념해야겠 다고 생각했죠. 평소에 크게 신경 쓰지 않던 동작을 집중적으로 연습한 결과 테크닉이 눈에 띄게 향상 되었어요. 그해 여름의 특별한 경험을 계기로 제 성격과 한계를 제대로 인식하게 된 셈이죠.

발레에서 정신과 신체가 차지하는 비율은 각각 어느 정도인가요?
정신적 도전과 신체적 도전 모두 필요하다는 점이 발레의 매력인 것 같아요. 스스로를 채찍질하며 힘 든 고비를 넘기다 보면 온몸에 엔도르핀이 돌고 열정이 샘솟는 듯한 짜릿한 쾌감을 얻게 되거든요! 완 벽을 추구하는 과정에서 자신이 흘린 땀에 상응하는 성과를 거두면 그때부터의 노력은 한층 더 탄력을 받는 것 같아요. 더없이 행복하고 황홀한 몰입의 경지에 이를 수 있다는 점에서 발레는 명상과도 비슷 하다는 생각이 들어요. 그렇게 순수한 기쁨을 몸소 느끼고, 그런 에너지를 갖고 있다는 사실을 깨닫는 경험이 얼마나 소중한지 모릅니다. 그런 몰입감이야말로 우리가 온 힘을 다해 추구하는 대상이죠. 예전에 제가 완벽한 무용가는 세상에 없다고 말한 적이 있습니다만, 무용가가 추는 춤에는 분명 완벽의 순간이 있습니다. 비록 찰나에 불과하더라도 그런 순간을 느낄 수만 있다면 그 사람은 축복받은 거죠.

나이가 든 이후로 당신의 사고방식은 어떻게 변했나요?

오늘이 바로 저의 47번째 생일이에요! 제가 잃어 가는 것들과 앞으로 키워 갈 수 있는 능력이 무엇인지 생각해 보면 지금이야말로 예술의 방향을 전환하기에 가장 적절한 시기가 아닌가 싶어요. 늘 같은 사람으로 머물러야 할 필요는 없으니까요. 아무리 사람들에게 '특별한 무용가'로 인정받아도 결국 몸은 늙어가고 기력은 떨어지겠죠. 절대 예전만큼의 체력은 회복할 수 없을 거예요. 비록 시간은 멈출 수 없지만 나이가 들었다고 더 이상 발전이 없다는 뜻은 아니에요. 제게 이미 일어나고 있는 변화를 부인하고 싶지는 않아요. 변화와 함께 계속 나아가고, 변화에 감사하고, 변화를 소중히 여기며 거기서 아름다움을 이끌어 내야겠죠.

현대 무용에 대한 깊은 애정이 담긴 새 프로젝트 「위태로운 존재 RESTLESS CREATURE」를 통해 당신이 얻고자 하는 것은 무엇인가요?

지금껏 순수하게 정통 발레 무용가로만 활동한 건 아니었어요. 오히려 건조하고 추상적인 작품에 더 매력을 느끼기 때문에 언젠가는 그런 관심을 반영하고 싶었어요. 저는 「위태로운 존재」를 계기로 제가 나아갈 방향을 새로이 탐구하고 싶어요. 생소한 동작이라도 상관없어요. 저는 제 몸이 어떻게 움직이는지, 어디서 힘이 샘솟는지, 언제 지쳐 쓰러지는지 직접 느껴 보고 싶거든요. 그런 제 몸에 새로 적응하면서 영감을 찾고 싶어요.

발레가 현대 무용보다 어려운가요?

둘은 무척 달라요. 순간적이고, 가벼우며, 중력을 거슬러야 하는 발레의 방식을 벗어나 제 몸무게를 느끼며 땅과 가까워지는 것이 저에게 주어진 가장 큰 과제입니다. 발레에서는 결코 다다를 수 없는 이상을 위해 노력하지만, 현대 무용에서는 자신의 불완전성을 쉽게 받아들이죠. 자기 몸과 더 친해진다고 할까요. 저는 편안한 분위기 속에서 관객과 깊이 교감하고 사람들에게 더욱 가까이 다가가고 싶어요.

발레리나라는 직업상 오랜 세월 동안 완벽을 추구해 왔을 텐데요. 개인적인 일상에서 남들보다 부족한 부분이 있나요?

너무나 많죠! 전 요리도 할 줄 모르고 노래도 못 불러요. 하지만 모든 걸 잘할 필요는 없지요. 좋아하는 일을 찾아 그것에 집중해야만 인생에서 만족을 얻을 수 있어요. 완벽한 닭 요리를 하지 못한들 대수겠어요? 성공할 수 있는 분야는 그밖에도 얼마든지 있을 텐데요.

자신의 결점을 감사히 여기는 법은 어떻게 배웠나요?

남편의 역할이 컸어요. 시각 예술가인 남편을 보면서 새삼 완벽함의 의미를 깨달았어요. 그는 사람들의 불완전한 모습에서 아름다움을 발견했고, 저는 남편의 그런 모습에 매력을 느꼈죠. 우리 모두는 결점으로 가득한 존재니까요. 그 결점이 무엇인지는 사람마다 다르지만요. 저는 굽은 척추와 들쑥날쑥한 치아를 저의 개성이라 생각해요. 젊을 때는 나만의 아름다움을 어디서 찾아야 하나 고민이었는데 지금은 저의 불완전함에서도 많은 아름다움을 찾아냈어요. ○○

30년간 뉴욕시티발레단에서 활동해 온 웬디 웰런은 올 가을 은퇴를 앞두고 있다. 2015년에는 4인조 듀엣 작품 「위태로운 존재」로 미국 순회 공연에 나설 예정이다. 자세한 정보는 wendywhelan.com에서 확인할 수 있다.

MAKING A POINTE

발레가 가르쳐 준 지혜

프리마 발레리나 웬디 웰런이 무용가의 삶에서 몸소 얻은
교훈을 바탕으로 빛나는 지혜의 말을 전한다.

PHOTOGRAPHS BY BERTIL NILSSON

열린 마음 갖기 켄터키 주 루이빌에서 성장한 나는 파리 오페라 발레 스쿨, 로열 발레 스쿨, 매기 블랙 댄스 학교의 서로 크게 다른 발레 스타일을 동시에 접할 수 있었다. 하지만 뉴욕에 가서는 조지 발란신(미국 발레의 독보적인 선구자) 스타일에만 집중하게 되었다. 한 선생님께 "이 스텝은 이렇게 하는 거야."라고 배우고 나면 다음 수업에서 다른 선생님은 "아니지, 이 스텝은 이렇게 하는 거란다."라고 고쳐 주시곤 했다. 이렇듯 여러 선생님의 다양한 생각을 배울 수 있어서 좋았다. 그렇게 춤을 익히다 보니 어느새 무용가로서의 진정한 정체성을 찾을 수 있었다. 다양한 스타일을 모두 소중히 받아들이면서 나는 진정한 아름다움이 무엇인지 깨달았다.

나만의 모습 찾기 내가 어린 발레리나였던 1970년대에는 발레리나들에게 모델처럼 여리고 가느다란 몸매를 강요하는 분위기였다. 처음에는 도저히 그런 요구에 맞출 자신이 없어 두려웠지만, 다행히 세월이 흐르면서 그런 인식도 차차 사라져 갔다. 이제 세상 사람들은 다양한 체형의 무용수들이 발레를 하는 모습에 익숙해졌다. 단 하나의 이상적인 외모나 방법은 더 이상 존재하지 않는다. 자신과 타인을 지나치게 비교하지 않게 된 점도 매우 긍정적인 변화라고 할 수 있다. 자신만의 특별한 모습을 찾는 것은 무용수 자신에게 달려 있다. 그것이 힘이든, 근육이든, 가냘픔이든, 섬세함이든, 유연함이든, 강인함이든 말이다. '내 안의 특별함은 무엇일까?'라는 질문을 던져 보자. 그것을 꾸준히 찾고 다듬어 나만의 방식으로 표출해 보자.

내 것으로 만들기 발란신의 철학에서 나는 언제나 한 걸음 더 나아가기 위해 노력하고 고정관념에 사로잡히지 말라는 교훈을 얻었다. 그는 자신의 안무를 다채롭게 빛내고 같은 스텝을 색다르게 표현하기 위해 같은 역할에 다양한 체격 조건을 가진 사람들을 캐스팅했다. 어떤 선생님들은 내게 배역을 맡길 때 발란신에게 배운 방식 그대로 따르기를 바라셨다. 하지만 나는 발란신이 자신의 발레에 진실과 정직, 생명력이 표현되길 원한다고 믿었기에, 다른 누구보다 나 자신이 되어야 한다고 생각했다. 그래서 역할을 물려줄 때마다 새내기 발레리나에게 그 작품에 대해 내가 아는 전부를 알려 주면서도 그것을 자신만의 방식으로 소화하라는 당부도 잊지 않는다. 그래야만 춤의 진정한 본질을 표현할 수 있기 때문이다.

적응하기 춤꾼들은 넘어져도 금방 다시 일어날 줄 안다. 연습 때든 공연 때든 우리는 넘어지면 언제나 다시 일어나 하던 동작을 이어 간다. 발란신, 프레데릭 애슈턴, 케네스 맥밀런, 제롬 로빈스, 마사 그레이엄, 머스 커닝엄 등 20세기를 대표하던 안무가들이 이제는 모두 세상을 떠났다. 그들이 없는 지금은 전반적인 사정이 크게 달라졌지만, 우리는 여전히 그들에게서 이어받은 정신을 동력으로 삼아 미래를 향해 나아가고 있다. 완벽함의 기준은 끊임없이 변하므로 우리가 하는 어떤 일도 진정으로 완벽할 수는 없다. 나는 다음 교훈을 오래 전에 깨달았지만 지금까지도 굳게 믿고 있다. '세상에 완전한 것은 완전히 죽는 것밖에 없다.'

연습이 완벽을 만든다 완벽을 위해 하루하루 노력해야만 위대한 아티스트가 될 수 있다. 아메리칸 발레 학교를 다닐 때 그곳에는 매우 보수적인 러시아인 선생님이 몇 분 계셨다. 나는 우리에게 늘 완벽을 위해 노력하라고 가르치시는 그분들의 엄격함이 좋았다. 그들도 완벽이란 세상에 존재하지 않는다는 사실을 알았겠지만, 어쩌면 진정한 아름다움은 완벽을 위해 노력하는 과정 자체에 있는지도 모른다. 그러한 가르침은 우리의 정신과 마음, 신체에 깊이 깃들어 있다. 완벽을 향해 끊임없이 채찍질하는 사람이 없다면 발레라는 아름다운 예술은 명맥을 유지하기 어려울 것이다. 피나는 노력 속에서 이따금씩 찾아오는 무아지경의 순간은 참으로 황홀한 경험이다. 발레리나들은 그 찬란한 순간을 위해 인생의 전부를 건다. ○○

WHEN LIFE GIVES YOU LEMONS...

삶이 그대에게 레몬을 건네거든...

...테킬라를 마셔라.
상큼한 과일을 품은 진한 칵테일 한 잔은 찌푸린 얼굴도 금방 미소로 바꾼다.

RECIPES BY DIANA YEN

PHOTOGRAPHS BY JIM GOLDEN & STYLING BY KARYN FIEBICH

LEMON TEQUILA PALOMA WITH ROSEMARY AND GINGER

로즈마리와 생강을 곁들인 레몬 테킬라 팔로마

코셔 소금*(디핑용) 신선한 로즈마리 1줄기

레몬 웨지 2조각 테킬라 1/4컵
(60ml)

신선한 레몬즙 1/4컵
(60ml) 탄산수 1/4컵
(60ml)

로즈마리 생강 시럽
2테이블스푼 설탕절임 생강(장식용)

만드는 법 얕은 접시에 소금을 담는다.
레몬 웨지로 유리컵 모서리를 문지른 다음
컵을 뒤집어 소금을 묻힌다. 컵에 얼음을 가득 채운다.
레몬즙, 레몬 웨지 1조각, 로즈마리 생강 시럽,
로즈마리 줄기를 칵테일 셰이커에 담아 잘 흔들어 섞는다.
혼합물을 체에 받쳐 얼음을 채운 컵에 부은 다음,
탄산수를 더해 마무리한다. 나머지 레몬 웨지와
이쑤시개에 꽂은 설탕절임 생강을 올린다.

1인분

*코셔 소금: 요오드가 들어 있지 않은 거친 소금으로
일반 소금보다 짠맛이 덜하다.

ROSEMARY GINGER SIMPLE SYRUP

로즈마리 생강 시럽

설탕 1컵(225g)

물 1컵(235ml)

신선한 로즈마리 5줄기

12cm 크기의 생강 2조각
(약 115g)
얇게 저며 준비한다.

만드는 법 설탕과 물을 소스팬에 담아 끓인다.
설탕이 완전히 녹을 때까지 계속 저어 준다.
불에서 내린 뒤 로즈마리와 생강을 넣어 30분간
담가 둔다. 시럽을 체에 받쳐 밀폐용기에 담는다.
냉장고에서 충분히 식힌 후에 사용한다.

약 1과 1/4컵 분량

LEMON ARUGULA RICOTTA RAVIOLI
WITH BROWN BUTTER AND CRISPY SAGE

브라운 버터와 바삭한 세이지로 맛을 낸 레몬 아루굴라 리코타 라비올리

파스타 반죽 재료	필링 재료	소스 재료
중력분 3과 1/2컵(590g)	신선한 리코타 치즈 1과 1/2 컵(340g)	무염 버터 1/2컵(110g)
달걀 큰 것 5개	레몬 껍질 간 것 3테이블스푼	세이지 8잎 잘게 찢어 준비한다.
엑스트라 버진 올리브 오일 1티스푼	신선한 레몬즙 1티스푼	소금 한 꼬집
소금 1/2티스푼	강판에 간 파르메산 치즈 1/4컵(55g)	**라비올리 재료**
	무염 버터 1테이블스푼	반죽 표면에 뿌릴 중력분 약간
	아루굴라* 5컵(130g)	달걀 큰 것 1개 잘 풀어 둔다.
	소금, 후추 적당량	

만드는 법 파스타 반죽 만들기: 깨끗한 작업대 한가운데에 밀가루를 부어 더미를 만든다. 가운데를 우묵하게 눌러 달걀, 올리브 오일, 소금을 넣는다. 포크를 사용해 달걀과 오일을 잘 으깬 다음 가장자리부터 시작해 밀가루를 섞는다. 달걀이 밀가루와 모두 섞이면 반죽을 치댄다. 표면이 매끈해질 때까지 약 8분간 계속한다. 반죽을 납작한 원반 모양으로 만든 다음 비닐로 싸서 30분간 실온에 둔다.

아루굴라 리코타 필링 만들기: 믹싱볼에 리코타 치즈, 레몬 껍질 간 것, 레몬즙, 파르메산 치즈를 넣고 섞는다. 큰 냄비에 버터를 넣어 중불에서 녹인 뒤 찢어 둔 세이지 잎과 아루굴라를 넣는다. 푸른 잎에 누런빛이 돌 때까지 저어 가며 약 2분간 익힌다. 냄비를 불에서 내려 식히고, 아루굴라를 대충 다져 리코타 치즈 혼합물에 넣는다. 소금과 후추로 간을 맞춘다.

소스 만들기: 큰 냄비에 버터, 찢어 둔 세이지, 소금을 넣고 버터에 갈색이 돌고 세이지가 바삭해질 때까지 중강불에서 3~5분간 가열한다. 치워 두었다가 사용하기 직전에 다시 데운다.

라비올리 만들기: 밀가루를 뿌린 바닥에 신선한 파스타 반죽을 놓고 길이대로 8조각으로 자른다. 파스타 머신의 반죽 두께를 가장 넓은 단계인 '1'로 맞추고 반죽을 한 번에 한 조각씩 롤러에 밀어 넣는다. 반죽을 반으로 접어 다시 밀어 넣으면 서서히 직사각형이 만들어진다. 매번 설정을 한 단계씩 높이면서 원하는 두께(약 0.3cm)가 나올 때까지 반복하여 롤러에 밀어 넣는다. 얇게 펴진 파스타 반죽에 밀가루를 뿌려 적당히 건조될 때까지 밀방망이나 파스타 랙에 걸쳐 둔다. 이때 파스타 기계가 없다면 밀방망이로 파스타 반죽을 원하는 두께가 될 때까지 밀고 랙에 걸쳐 적당히 건조시킨다.

완성하기 파스타 반죽을 약 6cm 너비로 길게 자른다. 반죽 조각 하나에 브러시로 달걀물을 살짝 발라준다. 반죽의 가장자리를 1cm씩 남겨 두고 반죽 위에 아루굴라 리코타 필링을 2cm 간격으로 1티스푼씩 떠 올린다. 그 위에 반죽 한 줄을 덮는다. 볼록하게 솟은 필링 주위를 손가락으로 눌러 앞뒤 반죽 두 장을 붙인다. 칼이나 롤러 커터로 네모진 라비올리를 낱개로 자른다. 나머지 반죽과 필링으로 같은 과정을 반복한다.

큰 냄비에 물과 소금을 넣고 끓인다. 끓는 물에 라비올리를 여러 개씩 넣고 물 위로 떠오를 때까지 약 2분간 익힌다. 구멍 뚫린 스푼으로 라비올리를 건져 낸다.

브라운 버터, 바삭한 세이지와 함께 낸다. ○○

4인분

*아루굴라Arugula: 배추과 식물로 약간 씁쓸하고 향긋한 이탈리아 채소

THE AWKWARD PARTS
감추고 싶은 내 모습

발 교정용 구두, 부적절한 위치에 새겨진 반점. 송충이 모양의 일자 눈썹.
어린 시절에는 누구나 남들에게 숨기고 싶은 신체 결점이 하나쯤은 있게 마련이다.
성인이 된 당신에게 이러한 결점마저 유익하게 이용할 수 있는 지혜를 소개한다.

WORDS BY GAIL O'HARA & ILLUSTRATIONS BY KATRIN COETZER

네 개의 눈으로 보는 세상 어린 시절에는 자주색 플라스틱 테에 끼워진 두툼한 안경이 너무 창피했죠. 하지만 지금은 나쁜 시력 덕분에 세상에서 가장 뛰어난 추상 화가가 되었어요. 안경을 벗으면 온 세상에 모네풍의 몽환적인 예술작품이 펼쳐지니, 보이는 그대로 캔버스에 옮기기만 하면 되지요.

점선 잇기 놀이 어릴 때에는 온몸을 뒤덮은 조그만 점들이 얼마나 싫었는지 모릅니다. 하지만 지금은 팔다리에 박힌 점들을 이어 별자리 그리기 놀이를 할 수 있어서 좋아요. 얼룩덜룩한 반점들은 낙엽 더미 사이에서 보호색이 되고, 정글 속에서도 눈에 잘 띄지 않게 위장해 주지요.

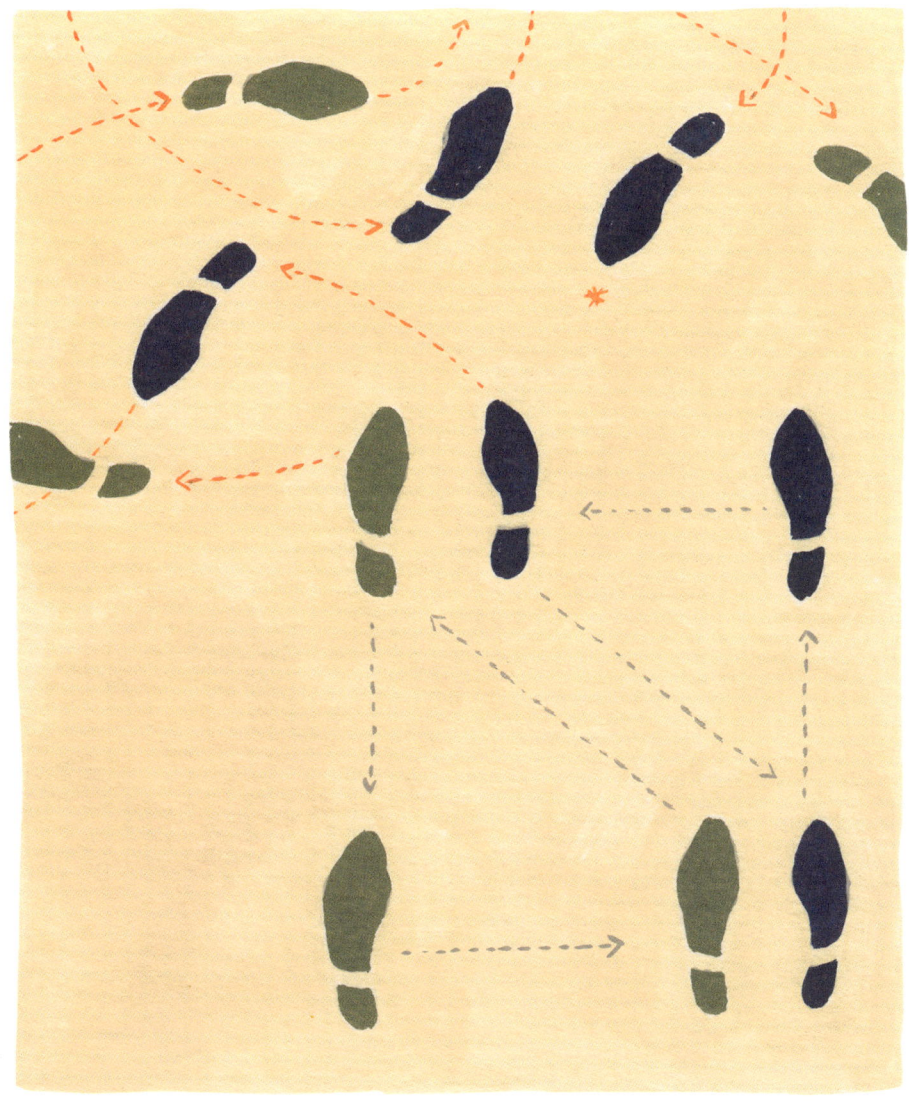

자꾸만 꼬이는 스텝 꼬마였을 때 당신은 걸핏하면 넘어지는 슬랩스틱 코미디언이었지요. 이제 서투른 걸음걸이를 예술적으로 승화시켜 당신만의 댄스를 만들어 보세요. 춤을 춰 봐요! '사인펠트Seinfeld'의 일레인처럼요. 이 어설픈 댄스를 보면 아무도 당신에게 이사를 도와달라고 부탁하지 않을 거예요.

철사 감긴 얼굴 치아교정기를 한 아이들은 교정기 틈새에 고춧가루가 잔뜩 끼이거나 번개 치는 날 벼락을 맞지는 않을지 늘 걱정이죠. 하지만 당신이 산속에서 길을 잃어도 번쩍이는 이를 드러내며 씨익 웃기만 하면 금방 구조대의 도움을 받을 수 있어요. 설사 아무도 구하러 오지 않더라도 눈부신 빛에 놀란 곰들이 모두 달아날 거예요. 악당에 납치되어 꽁꽁 묶여도 밧줄을 잘근잘근 씹어 끊을 수 있고, 베이비시터로 일할 때 아이가 말을 안 듣는다면 교정기에 끼우는 고무줄을 살짝 쏘아 혼내 줄 수도 있어요.

봉두난발 어릴 적 학교 친구들은 유난히 덥수룩한 당신의 머리털을 언제나 놀려 댔지요. 하지만 사자 갈기처럼 풍성한 모발은 차가운 칼바람 속에서도 당신을 훈훈하게 지켜 주는 소중한 재산이에요. 영화관에 갈 때 간식을 몰래 숨기기도 좋고, 사나운 개가 쫓아올 때면 버드나무 사이에 감쪽같이 몸을 숨길 수 있죠. 성에 갇혀도 머리카락으로 밧줄을 만들어 탈출할 수 있고, 캠핑 갈 때 베개를 챙기지 않아도 되니 좋아요.

GOING ROGUE

이유 있는 일탈

아무리 완벽한 계획과 상세한 일정표를 준비해도 여행 중에는
늘 예기치 못한 사고가 따라다닌다. 갑작스레 일정을 바꿔야 한다면
미련 없이 새로운 길로 들어서 자유를 즐겨 보자.

PHOTOGRAPHS BY WE ARE THE RHOADS & STYLING BY JENN BONNETT

HOW TO BE NEIGHBORLY: IMPERFECT NEIGHBORS

좋은 이웃 되기: 민폐 이웃 대처법

WORDS BY GEORGIA FRANCES KING & PHOTOGRAPH BY MARTIN WUNDERWALD

낯선 이들과 벽, 마루, 울타리를 공유하다 보면 서로 얼굴을
붉힐 일이 심심찮게 생긴다. 최악의 상황에 부딪친다면,
'심슨 가족The Simpson'의 네드는 어떻게 처신할지 생각해 본다.

이웃집에서 재채기하는(또는 이보다 더한) 소리가 들릴 때 낡은 마룻바닥은 늘 삐걱거리고 얇은 벽은 생활 소음까지 고스란히 전한다. 이웃 사람이 따각거리는 카우보이 부츠를 수집하거나, 한밤중에 탭댄스를 추거나, 노래를 부르며 샤워하는 게 아니라면, 조금만 인내심을 갖고 배려한다. 군이 항의를 해야겠다면 윗집을 찾아가 바닥에 러그를 깔거나 신발장을 복도로 옮겨 달라고 제안한다. 위에서 시끄럽게 한다고 빗자루 손잡이로 천장을 쾅쾅 두드리면 흉한 자국이 남을뿐더러 이웃과의 사이는 더욱 틀어진다.

쓰레기가 항상 넘쳐날 때 재활용품 수거함에 이사용 포장 상자나 이케아 상표가 찍힌 박스가 넘쳐 난다 해도, 새 이웃이 집 정리를 마칠 때까지는 참고 기다려야 한다. 빈 와인 병이 계속 쏟아져 나온다면 금요일 저녁에 이웃을 방문해 와인 처리를 도와줘도 좋다. 이웃의 버릇을 고칠 수 없다면 내 쪽에서 한 술 더 뜨는 것도 방법이다.

누군가 인터넷, 배달 음식, 택배 등을 훔쳐갈 때 상자를 뜯는 기쁨을 맛보기도 전에 물건을 가로채는 이웃은 도둑보다 더 얄밉다. 어떤 사람들은 복도에 놓인 택배 상자만 보면 마치 자기 물건인 양 멋대로 가져다 쓴다. 주위에 이런 사람이 있다면, 날마다 집에 있는 믿을 만한 이웃을 찾아가 갓 구운 과자를 주며 택배를 대신 받아달라고 부탁한다.

마주칠 때마다 끝없이 잡담을 늘어놓을 때 복도에서 이야기를 나눌 때에도 지켜야 할 선이 있다. 날씨, 임대료, 화초 재배 같은 화제라면 그나마 낫다. 하지만 이웃의 뒷담화나 집주인과 관련된 주제는 피해야 한다. 무사히 빠져나가고 싶을 때는 주전자를 불에 올려놓고 왔다거나 중요한 전화를 기다리고 있다고 둘러댄다. 사실인지 아닌지는 중요치 않다.

이웃집 내부가 훤히 들여다보일 때 침실 창문을 내다보면 이웃집 욕실이 한눈에 보이는 경우가 있다. 이웃이 그 사실을 알고 있을까? 알아도 신경이나 쓸까? 다닥다닥 붙어 있는 연립 주택에 사는 사람 중에는 남들이 알몸을 보든 말든 대수롭지 않게 여기는 이들도 있으니 오히려 보기 거북한 사람이 블라인드를 내려야 할지도 모른다. 분명한 건 당신 눈에 그들이 보인다면 대개는 그들도 당신을 볼 수 있다는 점이다. 누군가의 시선이 느껴질 때는 태연하게 미소 지으며 손이나 흔들어 주자.

이웃에서 열리는 광란의 파티 때문에 밤새도록 잠을 못 이룰 때 이럴 때 사람들은 보통 침대에 누워 한시라도 빨리 시끄러운 순간이 끝나기만을 애타게 바랄 뿐 당장은 아무런 조치도 취하지 않는다. 다음 날 아침에서야 감정을 잔뜩 실어 그 집 대문을 부서져라 두드려도 이미 늦었다. 그런다고 평온한 잠자리를 보상받을 수 있는 것은 아니니, 차라리 바로 가운을 걸치고 따지러 가는 편이 낫다. 설사 소음은 잦아들지 않더라도 이웃의 마음을 조금이나마 불편하게 할 수는 있다.

당신이 광란의 파티를 열어 이웃의 잠을 설치게 만들 때 시끄러워질 것 같다면, 이웃에게 양해를 구하고 괜찮다면 함께해 달라는 메모를 대문마다 붙여 둔다. 적어도 초대를 받은 사람들은 크게 화내지 못할 것이다. 또 아무리 시끄러워도 경찰을 부르지 말고 당신에게 직접 따지라고 일러둔다. 특수기동대보다는 언짢은 노부인 한 명을 상대하는 편이 쉬울 테니까. ○○

조지아 프랜시스 킹은 킨포크의 편집자이다. 그녀는 집주인과 언제나 사이좋게 지낸다(먹거리를 뇌물로 바치는 것이 그 비결이다). 오스트레일리아 멜버른에서 성장했고, 지금은 오레곤 주 포틀랜드에 살고 있다.

BEST IN SHOW

베스트 인 쇼

WORDS BY GEORGIA FRANCES KING
PHOTOGRAPHS BY CHARLIE SCHUCK & STYLING BY LAUREN COLTON

웨스트민스터 도그 쇼 심사위원, 올림픽 체조 심판관, 퓰리처상을 수상한
음식 평론가를 만나 완벽함을 정확하게 평가하는 것이 과연 가능한 일인지 물어보았다.

조너선 골드 퓰리처상 수상 레스토랑 평론가, 캘리포니아 주 로스앤젤레스
데이비드 C. 메리엄 2015 웨스트민스터 베스트 인 쇼 심사위원, 캘리포니아 주 본살
셰릴 해밀턴 올림픽 여자 체조 심판, 델라웨어 주 뉴어크

심사는 인간의 고유한 본성이다. 분류하고, 평가하고, 순위를 정하고, 점수를 매기는 본능은 인간의 유전자에 깊이 각인되어 있다. 팽 오 쇼콜라 세 개를 맛보고 나서 모두 똑같이 맛있다고 평가하는 건 뭔가 꺼림칙하고, 소장하고 있는 레코드 중 특별히 좋아하는 앨범 몇 가지를 마음속으로나마 정해 둬야만 직성이 풀린다. 우리 모두는 서열을 정하고 평가 내리기를 좋아한다. 심지어 확신이 없을 때는 전문가의 의견에 기대고 싶어 한다.

심판관은 똑같이 우수해 보이는 대상들 사이에서 우열을 가려내는, 불가능에 가까운 일을 하는 사람들이다. 미슐랭 2스타와 허큘린 3등급 레스토랑을 정하는 기준은 무엇일까? 평행봉에서 까다롭기로 유명한 백 업라이즈 스트래들 킷 투 엘을 어설프게 연기하는 선수를 택할 것인가 아니면 좀 더 수월한 기술인 핸드스프링 프런트 살토로 완벽하게 착지하는 선수를 택할 것인가? 앙칼진 포메라니안과 늠름한 달마티안을 어떻게 비교할 수 있을까? 결국 모든 분야에는 거의 완벽에 가까운 참가자 중에서도 우승자를 가려내는 나름의 기준이 있다.

강아지부터 디저트, 체조에 이르기까지, 평가의 소재는 달라도 세 명의 심판관이 입을 모아 강조하는 한 가지 진실이 있다. '완벽함'을 정의하기가 아무리 어렵다 해도 우리는 어쨌든 완벽을 향해 노력해야 한다는 것이다. 그들이 평가하려는 것도 결국 다다를 수 없는 목표를 향한 끊임없는 노력일지도 모른다.

THE CULINARY JUDGE
음식 평론가

온라인 리뷰가 미슐랭 평점과 어깨를 나란히 하는 요즘 같은 때에는 저명한 음식 평론가의 입지도 줄어들 수밖에 없다. 『LA 타임스』의 존경받는 레스토랑 평론가 조너선 골드는 이런 시대에 음식 비평으로 퓰리처상을 수상한 유일한 인물이다. 그는 다양한 비교와 분석, 좁은 골목 귀퉁이의 전통 맛집과도 같은 평론가의 삶을 무척 즐긴다. 하지만 음식 평론이 언제나 즐겁고 짜릿하기만 한 것은 아니다. 그는 비슷비슷한 소시지를 평가하는 일이 얼마나 어려운지 우리에게 털어놓았다.

음식 평론에는 어떤 규칙이 적용되나요?
요리든 영화든 철학책이든 평론 방법은 기본적으로 같습니다. 평가 대상에 대해 열린 마음과 순수한 호기심을 갖고, 그 대상이 지닌 의미를 올바로 이해하며, 향후의 과제를 제시하는 것이 평론가의 임무라 할 수 있죠.

'훌륭한 요리'의 기준은 누가 세우나요? 평론가나 셰프, 일반 대중이 정하나요, 아니면 최신 문화 코드에 영향을 받나요?
훌륭한 요리란 말 그대로 훌륭한 요리일 뿐 평가 주체와는 관계가 없습니다. 하지만 200곳의 레스토랑에서 크렘브륄레를 맛본 사람이라면 이 디저트를 처음 접한 사람보다는 아무래도 201번째 크렘브륄레의 문화적 의미를 제대로 이해할 수 있겠지요. 실제로 경험이 풍부할수록 훌륭한 평론가가 될 가능성이 높다고 봅니다.

훌륭한 취향은 학습을 통해 얻을 수 있나요, 아니면 타고나는 건가요?
고인이 된 제 친구 시모어 벤저는 생애 마지막 10년 동안 취향의 유전성에 대해 연구했습니다. 그는 인위적으로 초파리들의 유전자를 배열해 그들이 싫어하는 고추냉이에 끌리도록 조작했어요. 그의 연구 결과에 따르면 우리는 처음부터 취향을 갖고 태어난다고 합니다. 저도 어느 정도는 그 의견에 동의하고요. 하지만 누구든 충분히 훈련하면 미묘한 차이를 구분해 내고 맛에 관해 세심하게 기억할 수 있습니다. 그것이 바로 요리에 대한 감각이죠.

음식을 평가할 때 주관적인 견해는 어떻게 극복하시나요?
만약 마이소르 도사(발효시킨 쌀과 검은 렌틸콩으로 만든 반죽 속에 삶은 감자와 향신료를 섞은 소를 넣어 만든 인도 음식)의 바삭함, 발효 향, 부드러움, 발포 정도, 필링의 밀도, 크기 등에 대해 확고한 주관이 있다면 어떤 마이소르 도사도 그 기준을 만족시키지 못할 겁니다. 또 제가 생각하는 이상적인 마이소르 도사가 남들의 생각과 다를지도 모르고요. 샌프란시스코 미션의 브리토는 대개 촉촉하고 속이 꽉 찬 편인데, 이것이 제가 선호하는 바삭하고 매콤하며 속을 적당히 채운 LA 동부식 브리토와 다르다고 무조건 탈락시켜야 할까요? 당연히 그래선 안 되겠죠. 요리가 탄생한 지역의 미학을 충분히 이해하고 이를 고려하여 평가해야 합니다. 가끔은 제 취향을 언급할 수도 있겠지만 그렇다고 제가 항상 옳다고는 생각하지 않아요. 때로는 어떤 요리를 이해하기 위해 같은 레스토랑을 열 번 이상 방문하기도 합니다.

개인의 취향은 평가에 어떤 영향을 주나요? 객관성을 유지하기가 어렵지는 않나요?
레스토랑 평가에 제 취향이 개입될 수도 있지만, 제가 특별히 좋아하지 않더라도 뛰어난 요리라면 금방 알아볼 수 있습니다. 이를테면 제가 수란을 싫어한다 해도, 잘 만든 것과 그렇지 못한 것은 구분할 수 있지요.

'제임스 비어드 상 JAMES BEARD AWARDS' 같은 요리 평가 대회를 어떻게 보시나요?
비어드, 산 펠레그리노 50대 레스토랑 같은 대회라고 항상 신뢰할 수 있는 건 아닙니다. 한 사람이 전국(심지어 전 세계)의 레스토랑에서 식사를 해보고 합리적인 판단을 내리기란 거의 불가능하죠. 하지만 그런 대회가 있어서 나쁠 것은 없다고 봅니다. 무엇보다 사람들이 좋아하니까요. 『LA 타임스』에서 저는 매년 지역 레스토랑 101곳을 골라 순위를 매깁니다. 제가 하는 평가 작업 중 가장 많은 관심을 얻고 있어요. 저도 그 작업이 무척 즐겁습니다.

별4개와 별4개 반짜리 레스토랑의 차이는 무엇인가요?
저는 절대 별점을 매기지 않습니다. 별점은 레스토랑의 수준보다는 부류를 나타낸다고 봐야 합니다. 개인적으로 그런 평가 방식에는 관심 없어요.

완벽한 식사라는 게 실제로 존재할까요?
그렇다고 생각하고 싶습니다만, 실제로 경험해 본 적은 없네요.

훌륭한 식사에서 결함이 발견될 때는 언제인가요?
훌륭한 식사에 결점이 보인다면 셰프가 뭔가 색다른 시도를 하고 있다는 뜻입니다. 제가 파리에서 가장 좋아하는 레스토랑인 '피에르 가니에르Pierre Gagnaire'에서 디너 코스를 맛보는 동안 약 30가지의 독특한 요리가 나왔는데, 그중 서너 가지는 정말 별로였어요. 그 덕분에 나머지 요리들이 더욱 돋보였지만요.

일반인들은 좋아하지만 당신은 싫어하거나, 그 반대인 음식 트렌드가 있나요?
저는 동물 내장을 지나치게 밝힌다는 소리를 많이 듣습니다. 말린 허브, 희귀한 해산물, 친환경 육류, 톡 쏘는 천연 와인 등도 무척 좋아하는 편이죠. 개인적으로는 모든 음식에 달걀을 넣는 트렌드가 마음에 들지 않습니다. 케일 샐러드도 다시는 먹고 싶지 않고요.

음식 분야로 전향하기 전에는 음악 평론가로 활동하셨다고 들었는데요. 이 두 가지의 차이는 무엇인가요?
음악은 음식보다 추상적인 주제라, 비평가는 그 의미를 좀 더 깊이 파헤쳐야 합니다. 하지만 두 가지 모두 대중문화에 속하고, 소재만 다를 뿐 글을 쓰는 방법은 비슷합니다.

까다롭게 평가하는 습관은 인생에 어떤 영향을 주었나요?
저는 고전음악과 대중음악, 공연, 영화, 미술, 도서 분야에서 평론가로 활동해 왔습니다. 언젠가 사랑에 대한 칼럼을 써 달라는 의뢰를 받은 적이 있는데 거절했었죠. 적어도 제 삶에서 한 영역쯤은 분석하지 않은 채로 남겨 두고 싶었거든요.

음식 평론을 직업으로 삼게 되면서 외식을 전보다 더 즐기게 되었나요?
약 30년간 전문적으로 음식에 대한 글을 쓰다 보니 아무런 평가를 하지 않고 편하게 식사를 즐기기가 불가능해졌죠. 제가 매일 아침 만드는 토스트에 대해서도 상당한 분량의 평론을 쓸 수 있을 것 같네요.

음식 평론에서 배운 인생의 교훈은 무엇인가요?
'배가 부르면 그만 먹어도 좋다'는 겁니다.

THE BEST IN SHOW JUDGE
베스트 인 쇼 심사위원

캘리포니아 주 법원 판사로 수십 년 간 재판정을 지킨 70대 노신사 데이비드 C. 메리엄은 범죄자는 물론 견공 심판에도 일가견이 있다. 개의 상태를 평가하는 것과 법률을 적용하는 것은 본질적으로 다른 일 같지만, 데이비드에 따르면 두 세계에는 상당히 많은 공통점이 있다고 한다. 세계적인 불테리어 전문가 데이비드는 2014 웨스트민스터 켄넬 클럽 도그 쇼에서 처음으로 베스트 인 쇼 심사위원을 맡게 되었다. 네 발 달린 인간의 친구를 평가할 때 어떤 마음으로 임하는지, 그의 이야기를 직접 들어 보자.

개 품평에 어떻게 관심을 갖게 되셨나요?

우리는 어린 시절에 깊은 인상을 받은 대상에 평생 동안 관심을 갖곤 합니다. 저의 경우 14살 이후로 줄곧 개에 관심이 많았어요. 물론 그때 주위에 고양이가 있었다면 지금 고양이 품평을 하고 있을지도 모르죠! 놀랍게도 미국에서는 어느 분야든 그 분야에 관심 있는 사람들의 모임이 다양하게 만들어집니다. 그래서인지 배턴 돌리기, 강아지 사육, 오프로드 레이싱 등 별의별 대회가 다 열리죠.

도그 쇼 심사의 기본은 무엇인가요?

모든 심사에는 두 가지 요소가 있습니다. 첫째는 표준이고, 둘째는 표준과 비교하여 대상을 평가하는 것입니다. 미국 내 도그 쇼와 견종 관리를 총괄하는 미국 켄넬 클럽에서 품종별로 이상적인 개체에 대한 판단 기준을 정해 두었어요. 우리는 그 기준에 따라 심사를 합니다.

완벽한 견종 표준에 대한 기준은 구체적으로 어떻게 정해져 있나요? 또 시대에 따라 그 기준은 어떻게 변했나요?

품종별로 기준이 모두 다릅니다. 견종의 사육 목적에 맞는 신체 특성을 표준으로 정해 놓고 있지만, 표준이라는 것도 19세기 초에 처음 정해진 이후로 많은 변화를 겪었어요. 처음에는 기능이 중심이었는데 지금은 사람들이 선호하는 미적 특징이 기준이 되었죠. 그러나 변화 속도가 그리 빠른 편은 아니어서 꽤나 일관적이었다고 봅니다.

견종 표준에는 구체적으로 어떤 요건이 포함되나요?

우선 '일반 외모'부터 평가하는데 이 중에 재미있는 부분이 많습니다. 품종의 이상적인 요건으로 '담력이 세고 용감할 것' 같은 애매한 표현도 있죠. 그런 걸 어떻게 판단하겠어요! 과거에는 어땠는지 몰라도 지금은 더 이상 의미가 없는 요건이죠. 요즘은 개체의 크기, 신체 비율, 머리 모양, 전반신과 하반신의 형태, 피모, 색상, 동작 등 구체적인 특징을 주로 평가합니다.

견종별 우승견은 (조렵견, 사역견, 테리어, 하운드, 애완견, 목양견, 비조렵견 부문으로 나뉘는) 베스트 인 그룹 대회에 진출하고, 이 대회의 우승견 7마리가 베스트 인 쇼에서 경쟁하는 걸로 알고 있습니다. 전혀 다른 종류의 개를 대체 어떻게 비교하여 평가할 수 있나요?

이론상으로는 충분히 가능합니다. 이를테면, 복서는 얼마나 복서의 표준에 가까운지 평가하면 되니까요. 우리는 완벽한 개를 찾는 게 아니라 견종 표준에 가장 가까운 개를 찾는 겁니다. 그러면 문득 이런 의문이 생길 수도 있겠네요. 베스트 인 쇼 심사위원은 180여 가지에 이르는 견종에 대해 모두 숙지하고 있단 말인가? 그렇다고 할 수 있습니다. 심사는 지식이니까요. 또 이런 의문도 생깁니다. 아무리 심사위원이라도 단 2분 30초 만에 개를 정확하게 평가할 수 있을까? 컴퓨터라면 몰라도 인간은 그렇게 완벽할 수 없지요. 그저 완벽한 심사를 위해 최대한 노력할 뿐입니다.

객관성을 유지하기가 어렵지 않나요?

경마처럼 결승선을 통과하는 순서대로 순위가 결정되는 분야가 아니니 분명 주관성이 개입될 여지가 있습니다. 견종 표준을 보고 '좋아, 키는 50cm를 넘으면 안 되고 털의 길이가 5cm 이상이어야 한단 말이지.'라고 판단하기는 어렵지 않아요. 하지만 평가할 때 고려해야 할 중요한 요소가 두 가지 더 있습니다. 바로 그 개의 타입, 그리고 신체와 정신의 건강이지요. 관중이 가장 관심을 가질 만한 특성인 '쇼맨십'을 도그 쇼에서 평가하기 시작한 것도 최근의 일이에요. 사실 도그 쇼에서는 눈에 보이는 특성보다 타입과 건강 상태를 더욱 중시합니다.

7가지 종류의 개를 평가하는 베스트 인 쇼 심사자격은 어떻게 얻으셨나요?

평가할 수 있는 견종을 늘리려면 계속 자격 심사를 받아야 합니다. 심사 경험이 아주 많아야 한다는 뜻이지요. 저는 이 업계에 몸담은 지 60년이 훌쩍 넘었고 도그 쇼에서 보낸 시간만도 수천 시간은 될 거예요. 제가 웨스트민스터에서 심사하는 모습을 보고 '대체 어떻게 평가하는 걸까?' 하고 의아해하는 사람들도 있겠지요. 제가 모든 견종에 정통했다고 하기는 어렵고, 바셋 하운드보다 불테리어에 대해 더 잘 아는 것은 분명합니다.

베스트 인 쇼에 참가하는 핸들러와 심사위원은 특히 이 분야에 열정이 많은 분들이겠네요?

물론이죠! 모든 분야가 그렇겠지만 이 분야 역시 괴짜와 마니아가 많아요. 막강한 우승 후보끼리 치열한 경쟁을 벌이고 나면 결국 누군가는 승리의 기쁨을 누리지만, 누군가는 패배의 아픔을 피할 수 없죠. 일단 이 대회에 발을 들이면 누구라도 절대 한 걸음 물러나서 느긋하게 즐길 수만은 없을 거예요. 대회장은 한마디로 팽팽한 긴장 상태랍니다.

업계에서는 순종견의 건강 문제와 근친교배의 윤리적 논란에 어떻게 대응하고 있나요?

두 가지 접근법이 있습니다. 우선 영국 켄넬 클럽은 심사 항목에 건강상의 특징을 포함시켰죠. 예컨대 심사위원은 참가견에게 콧구멍이 막혀서 건강하지 않다거나 다리의 상태로 볼 때 견종 특유의 걸음걸이가 나타날 수 없다는 식의 평가를 내릴 수 있습니다. 한편 미국에서는 안 좋은 유전적 특성을 제거하고 훌륭한 특성을 발현시키기 위해 브리더가 직접 유전적 결함을 검사할 수 있는 기법을 개발했죠. 그래서 미국 켄넬 클럽은 브리더에게 소유 개체의 유전적 문제를 치료할 수 있는 도구를 제공하고 있습니다.

법정에서 얻은 교훈 중에 개 품평에 적용할 수 있는 것이 있나요?

도그 쇼 심사는 법정 판결과 비슷한 점이 많습니다. 모든 심사에는 보편적으로 적용되는 원칙이 있지요. 우선 대상에 집중해야 하고 정직하게 심사해야 합니다. 또 심사 대상 외에는 어떤 요인이나 편견도 개입되어서는 안 됩니다. 다만 강아지 심사는 경쟁 대회이고 법정 판결은 그렇지 않다는 게 차이점이죠.

FIRST PRIZE   SVEN

CATEGORY: NON-
           SPORTING

BREED: STANDARD
           POODLE

THE OLYMPIC
GYMNASTICS JUDGE

올림픽 체조 심판

체조의 세계에 관심이 많은 사람들조차도 10점 만점의 의미에 대해서는 고개를 갸우뚱거린다. 최근 체조계에서는 편파 판정을 해결하기 위해, 논란이 많았던 기존의 평가 방식을 없애고 다소 복잡하지만 현실에 부합하는 새 규칙을 도입했다. 셰릴 해밀턴은 미국에서 가장 존경받는 체조 심판관으로, 객관적이고 정확한 평가 시스템을 확립하는 데 기여했다. 체조 심판관으로서 아무런 편견 없이 공정한 평가를 내리는 것이 얼마나 중요한지, 그녀의 이야기를 들어 본다.

새로 도입된 심판 방식이 과거와 어떻게 달라졌는지 설명해 주시겠어요?

시스템을 바꾼 2000년대 중반 이전에는 10.0점부터 시작해 난이도와 연기 구성상의 감점을 차감하는 방식이었어요. 지금은 심판이 두 팀으로 나뉘어 두 가지를 각각 평가하는 방식으로 완전히 바뀌었죠. 선수가 간단한 몸 굽혀 뒤로 공중 돌기 같은 동작을 실시하면, 난도 심판은 그 선수가 어떤 기술을 연기했는지 판단하고, 실시 심판은 높이는 적당했는지, 선수가 몸을 충분히 굽혔는지, 발가락을 제대로 폈는지 등을 판단합니다. 난도 심판은 선수의 연기에서 핵심 기술 8가지를 결정하여 난이도를 평가합니다(단순한 립은 A, 더블 레이아웃으로 720도 비틀기는 I). 거기에 특정 기술을 더하면 연결 난이도 점수를 얻게 되며 다섯 가지 구성상의 요건도 평가합니다. 그 모든 점수를 더한 것이 난도 점수가 되죠. 그 다음에는 실시 심판이 루틴(체조 선수가 다양한 동작을 자신에게 맞는 순서대로 연결하여 선보이는 것) 실시를 평가합니다. 다리나 팔을 굽혔다거나 동작의 폭이 충분치 않았다거나 등이 평가 대상입니다. 10.0점 만점에서 그런 요소들을 감점하고 남는 점수가 바로 실시 점수가 되죠! 따라서 난도 시작 점수가 6.3이고 연기 점수가 10.0 만점이라면 결국 최종 점수는 16.3점이 됩니다.

시스템이 바뀐 이유는 무엇인가요?

기존 시스템에서는 10.0 만점의 가치가 모두 동일하지 않았어요. 최소한의 요구조건만 겨우 충족시키는 쉬운 연기를 하는 선수나, 훨씬 어려운 기술을 펼치는 선수나 똑같이 10.0에서 시작했거든요. 한쪽의 난이도가 다른 쪽보다 훨씬 높아도 같은 10.0점이 주어졌으니 변별력이 없었죠. 새 시스템에서 아주 쉬운 연기를 하는 선수는 처음부터 점수가 낮습니다. 이제 높은 점수를 얻기 위해서는 까다로운 난도와 훌륭한 실시, 좋은 기술 구성이 모두 필요해요. 선수가 어떤 동작을 선택하고 얼마나 잘 연기하는지에 따라 평가를 받는 거죠.

소위 '만점'이라는 것이 이제는 연기의 난이도에 달려 있다면 만점의 기준이 갈수록 높아지는 것 아닌가요?

체조라는 종목이 발전하면서 선수들이 점점 더 어려운 기술을 구사하고 있으니 기술의 난이도 점수도 변해야겠죠. 지난 세계선수권대회에서 한 선수가 스트레치 자세에서 2회전 트위스트하며 더블 백 하기 동작을 선보여 이 기술이 채점 규칙에 등재됐어요. 새로운 기술이 등장하면 그것을 평가 기준에도 반영해야 하죠.

현행 평가 시스템에는 주관성이 개입될 여지를 최대한 없앴다고 들었는데요?

주관적인 영역을 완전히 배제할 수는 없다고 생각해요. 평균대와 마루 종목의 예술성 또한 심판들이 평가하는데, 그들은 선수가 '자기만의 스타일'을 구사하는지도 눈여겨보거든요. 다만 제게 아름다워 보여도 다른 사람에게는 그렇지 않을 수 있다는 점이 문제죠. 바로 그런 부분에 주관성이 개입됩니다. 각자 자기 의견이 있지만, 그 의견이 다 같을 수는 없다는 게 바로 평가제도의 어쩔 수 없는 허점이죠.

'자기만의 스타일'이라는 것에도 유행이 있나요?

그럼요. 고전 음악에 맞춘 우아한 연기가 유행할 때도 있고, 현대 음악을 사용한 역동적인 연기가 유행할 때도 있어요. 하지만 심판들은 선수가 고전적 연기를 하든 현대적 연기를 하든 '자신의 의

도를 잘 표현하고 있는가?'를 따져 봐야 합니다. 판단이 쉽지 않을 때도 있지만, 어쨌든 매우 객관적이고 개방적인 자세로 평가해야 하죠. 댄스 장르가 취향에 맞지 않더라도 이런 태도를 유지해야 합니다. '저런 힙합 장르는 별로 마음에 안 들지만 어쨌거나 연기는 훌륭하군.' 그러고는 그 선수에게 합당한 평가를 내려야 하죠.

헤어 스타일, 메이크업, 스타일링도 심판 과정에 영향을 주나요?

심판은 무대에 선 선수들의 단정한 모습을 기대합니다. 미인 대회처럼 외모만으로 평가하지는 않지만, 아무리 그래도 우스꽝스러운 분장이나 산발한 머리는 사양이에요! 예의를 갖춰야 하고 노출이 심한 복장은 곤란하죠. 누구 옷이 더 예쁜지를 평가하는 게 아니에요. 제 말은, 심판들이 그런 걸 평가하려 하면 안 된다는 거예요! 무의식적으로는 영향을 받을지도 모르겠지만 그러지 않기만을 바랄 뿐입니다.

시청자들이 모르는 체조 심판의 어려움은 무엇인가요?

일반인들은 우리가 얼마나 정확해야 하는지 상상도 못할 거예요. 예를 들어 철봉돌기를 할 때 정해진 진폭을 지키지 않으면 선수는 감점을 당합니다. 45도를 초과했다면 30~45도를 넘겼을 때보다 감점 폭이 크죠. 그런 것들을 매우 철저하게 판단해야 합니다.

심판 일을 하면서 얻은 교훈이 있나요?

글쎄요. '포용력'이라는 단어가 적절한지는 모르겠지만, 어쨌든 예전보다 좀 더 열린 마음을 갖게 됐어요. 엄격함과 집중력도 배웠고요.

그 외에도 일상생활에 적용할 수 있는 교훈이 있나요?

열심히 노력하면 결실을 얻게 된다는 거요. 선수나 코치는 물론 심판에게도 적용되는 원칙이죠. 그간 꾸준히 노력한 결과 올림픽 심판까지 맡게 되었잖아요. 국가를 대표하여 활동하게 된 것은 제게 최고의 영광이에요. 무슨 일을 하건 어느 정도 운이 필요한 건 맞지만 열심히 노력하면 반드시 언젠가 행운이 함께할 거예요. ○○

FEW

여럿이 누리는 즐거움

o o o

PLAYING WITH FIRE: THE BURNED FOOD MENU

불장난: 탄 음식 레시피

의도든 실수든 가장자리를 바삭하게 태웠을 때 맛이 더욱 풍부해지는 음식이 있다.
다음 소개하는 요리를 할 때는 조금 센 불로 가열해 볼 것을 제안한다.

ROASTED BELL PEPPER   CHARRED SPICED LAMB CHOPS   BANANAS FOSTER
BREAD SOUP   WITH FIGS AND POMEGRANATE   FOR DESSERT

RECIPES & FOOD STYLING BY DIANA YEN & THE JEWELS OF NEW YORK
PHOTOGRAPHS BY ALICE GAO & PROP STYLING BY KATE S. JORDAN

ROASTED BELL PEPPER BREAD SOUP

구운 피망 브레드 수프

이 따끈한 피망 수프 레시피는 토마토를 넣은 정통 이탈리아식 브레드 수프인 파파 알 포모도로에서 아이디어를 얻었다. 하루 묵힌 식빵과 태운 피망에 아몬드를 넣어 씹히는 맛이 일품이다. 따뜻하게 또는 식혀서 즐길 수 있다.

수프 재료

붉은 피망 큰 것 6개(1.15kg)

치킨 또는 채소 육수 4컵(945ml)

2cm 정도로 자른 묵은 빵 2컵
(약 70g – 치아바타, 포카치아 등
이탈리아 빵이 좋다)

다진 마늘 2쪽 분량

아몬드 1/4컵(55g)

생크림(장식용)

신선한 바질(장식용)

소금, 흑후추 적당량

바질 오일 재료

신선한 바질 잎 1컵(30g)

엑스트라 버진 올리브 오일 1/2컵(120ml)

소금 적당량

만드는 법 오븐 그릴을 강으로 예열하고, 위에서 두 번째 칸에 오븐 선반을 넣는다. 구이판에 피망을 담아 표면이 까맣게 타서 쭈글쭈글해질 때까지 양쪽을 15분씩 굽는다. 피망을 오븐에서 꺼내 식힌 다음 반으로 갈라 껍질을 벗기고 씨를 파낸다. (요령: 피망이 뜨거울 때 몇 분간 지퍼백에 넣어 두거나 그릇에 담아 랩을 씌워 두면 껍질이 쉽게 벗겨진다.) 약 2cm 두께로 길게 썰어 둔다.

블렌더에 피망, 육수, 빵, 마늘, 아몬드를 넣어 곱게 간 뒤 냄비에 붓는다. 수프를 중불로 가열하다가 끓기 시작하면 약한 불로 줄인 뒤 향이 날 때까지 약 10분간 가열한다. 소금과 후추로 간을 맞춘다.

신선한 바질, 올리브 오일, 소금을 잘 섞어 바질 오일을 만든다.

수프를 그릇에 떠서 생크림을 약간 넣고 바질 잎을 찢어서 뿌린 뒤, 그 위에 바질 오일을 살짝 뿌려서 낸다.

6인분

CHARRED SPICED LAMB CHOPS WITH FIGS AND POMEGRANATE
무화과와 석류를 곁들인 태운 양념 양갈비

양 갈비를 오븐에 굽기 전에 센불을 가하면 겉은 까맣게 타고 속은 사르르 녹을 만큼 연해진다. 거기에 무화과와 석류를 곁들여 구수한 향과 달콤한 맛이 완벽하게 어우러지는 양념 양갈비 레시피를 소개한다.

양념 재료	**양고기 재료**
다진 마늘 2쪽 분량	프렌치 기법*으로 다듬은 양갈비 2개
	(갈빗대 8개씩, 개당 약 680g)
잘게 다진 신선한 로즈마리 2테이블스푼	지방은 떼어 낸다.
커민 가루 1/4티스푼	식물성 오일 1테이블스푼
강황 가루 1/4티스푼	무화과 6개, 반으로 갈라 둔다.
파프리카 가루 1/4티스푼	설탕(뿌리는 용)
고수 가루 1/4티스푼	엑스트라 버진 올리브 오일 1테이블스푼
소금 1티스푼	석류 낱알 1/2컵(115g, 장식용)
후추 1/2티스푼	소금, 후추 적당량
엑스트라 버진 올리브 오일 1/4컵(60ml)	

만드는 법 마늘, 로즈마리, 향신료, 소금, 후추, 오일을 오목한 그릇에 담고 저어서 섞는다. 양고기를 키친타월로 두드려 핏기를 제거한 뒤 소금과 후추를 넉넉하게 뿌려 간을 한다. 큰 철제 프라이팬을 센불에 데운다. 프라이팬에 식물성 오일을 뿌리고 양갈비를 두 개씩 올려 갈색이 돌 때까지 한쪽씩 약 2분 30초 정도 굽는다. 구운 갈비는 오븐용 팬으로 옮긴다.

선반을 오븐 가운데 칸에 넣고 175℃로 예열한다. 양갈비에 브러시로 양념을 바른다. 고기 온도가 55℃가 될 때까지 15~20분간 굽는다. 오븐을 끄고 5분간 그대로 둔다.

그 사이 무화과에 설탕을 뿌린다. 큰 프라이팬에 올리브 오일 1테이블스푼을 뿌리고 중강불로 달군다. 무화과를 프라이팬에 넣고 물러질 때까지 한 번 뒤집으며 약 2분간 익힌다.

양갈비에 무화과와 석류를 뿌려서 낸다.

6인분

*프렌치 기법: 고기의 살점을 긁어 내어 뼈를 노출시키는 커팅 기법

BANANAS FOSTER
바나나 포스터

디 저트가 활활 타오르는 눈부신 광경에 매혹되지 않는 사람이 있을까? 럼 소스에 졸여 얼근한 알코올 기운을 품은 바나나 포스터는 1950년대 뉴올리언스에서 탄생한 이후로 만찬에 빠지지 않는 단골 메뉴가 되었다. 이 매혹적인 디저트에 불을 붙이는 순간 손님들의 눈도 휘둥그레진다.

주의할 점: 가벼운 유리그릇은 금이 갈 수 있으니 용기를 신중하게 선택한다.

무염 버터 8테이블스푼(115g)

흑설탕 1과 1/2컵(300g)

시나몬 가루 1티스푼

코셔 소금 1/2티스푼

바나나 3개
가로로 한 번, 세로로 한 번 갈라 둔다.

다크 럼 3/4컵(180ml)

만드는 법 묵직한 프라이팬을 중불에 달구어 버터, 설탕, 시나몬, 소금을 녹인다. 설탕이 버터에 완전히 녹을 때까지 저어 준 뒤 바나나를 넣고 부드러워질 때까지 살살 젓는다. 럼을 붓고 성냥이나 라이터로 알코올에 불을 붙인다. 불꽃이 사그라질 때까지 그대로 둔다.

바나나와 소스를 바닐라 아이스크림 위에 올리거나, 크레페와 함께 낸다. ○○○

6인분

TURNING OVER A GOLD LEAF

금박이 감싸 준 상처

INTERVIEW BY TAE INO & PHOTOGRAPHS BY HIDEAKI HAMADA

킨쯔기는 금박을 사용해 금 간 도자기를 수리하는 일본의 전통 예술로,
도자기에 생긴 흠집을 숨기기보다 오히려 부각시키는 기법이다. 도쿄에
거주하는 장인 미치히로 호리와 함께 킨쯔기 전통에 대한 이야기를 나누었다.

일본 킨쯔기의 역사에 대해 설명해 주시겠어요?
킨쯔기는 다도가 유행했던 무로마치 시대에 시작되었어요. 킨쯔기는 도자기에 생긴 흠집을 감추는 대신 수리 과정을 아름다운 예술로 승화시켜 물건에 새 생명을 불어 넣습니다. 제가 킨쯔기를 시작한 지는 6년 정도 되었지만 그 전에 20년 정도 칠기 공예가로 다양한 작품 활동을 했었죠.

킨쯔기는 일본의 생활방식이나 문화와 어떤 관계가 있나요?
'와비사비佗寂'라는 일본의 철학과 큰 관계가 있습니다. 만물을 소중히 여기고 그 결함마저도 껴안아야 한다는 사상으로, 특히 모든 사물은 세월이 흐를수록 자연에 가까워진다는 생각이 담겨 있죠. 킨쯔기의 아름다움은 물건의 모습을 바꾸어 새 생명과 기회를 주는 데서 찾을 수 있어요.

도자기를 수리하는 과정에 대해 설명해 주세요.
깨진 조각들을 잘 씻어 매끈하게 다듬은 다음, 대나무 주걱으로 물, 밀가루, 옻을 섞어 만든 접착제를 발라 조각을 이어 붙입니다. 다 되면 '무로室'라는 암실에 넣어 2주 동안 건조시키죠. 표면에 묻은 접착제를 긁어 낸 다음 사포로 문질러 다듬고 나면 장식하는 과정이 시작됩니다. 이때 로이로우루시黑呂色漆, 에우루시絵漆, 금가루 등 다양한 재료가 사용되죠. 완전히 건조시킨 다음 마지막으로 옻과 기름을 입히고, 윤이 날 때까지 이음매를 문질러 줍니다.

금박 이외에 또 어떤 재료를 사용할 수 있나요?
금은 금속 재료 중 단연 으뜸이죠. 작품을 빛나고 돋보이게 만드는 고급 재료니까요. 하지만 은, 주석, 황동 같은 재료도 사용할 수 있어요.

단골 고객은 어떤 사람들인가요?
주로 골동품 상점을 통해 주문을 받지만 고객들이 직접 요청하는 경우도 있어요. 한 작품에 몇 주씩 걸리는데 지금 주문이 너무 많아 6개월에서 1년 치 일감이 밀려 있어요. 본업인 만화가와 일러스트 일도 바쁜 편이라 수선할 시간을 내기가 쉽지 않네요!

현재 일본에서 킨쯔기의 인기는 어느 정도인가요?
물질적으로 부족하던 시절에는 부서진 물건을 고쳐 가며 최대한 오래 쓰는 게 당연한 일이었죠. 2011년의 대지진 사고 이후로 특히 많은 사람들이 킨쯔기에 관심을 갖고 있어요. 주문도 늘었지만 킨쯔기를 배우려는 사람도 많아졌지요.

킨쯔기 수선의 어떤 점이 마음에 드시나요?
저는 살면서 좌절과 실망을 많이 겪었어요. 그래서인지 언제나 다시 시작할 수 있다는 킨쯔기의 소박한 교훈이 마음에 듭니다. ○○○

타에 이노는 도쿄에 사는 작가이자 편집자이다. 직접 디자인하거나 뜨개질한 작품을 판매하기도 한다. 춤추기, 소풍 가기, 요리하기, 낮잠 자기를 좋아한다.

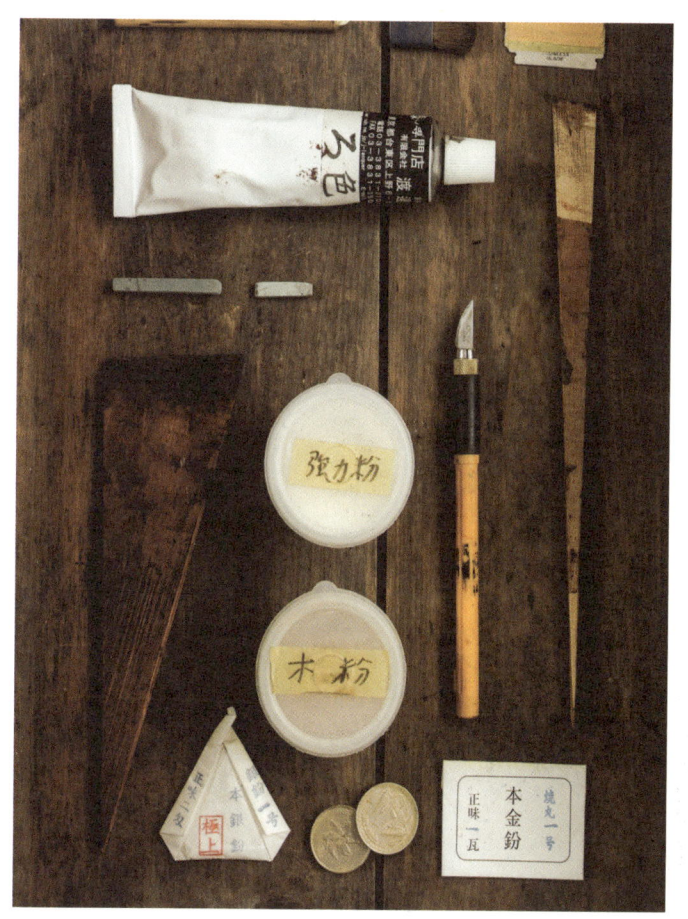

IN WITH THE OLD

옛 숨결을 찾아서

역사의 정취가 깃든 집을 사들여서는 완전히 허물어 버리고 깔끔하고 세련된
현대식 디자인으로 채워 넣는 사람들이 있다. 반면 집에 담긴 이야기를
한껏 즐기고 옛 정신이 반영된 특이한 구조를 최대한 보존하려는 사람들도 있다.
유럽에서 과거의 향취가 물씬 풍기는 주택 두 곳을 찾아 방문해 보았다.

WORDS BY SARAH ROWLAND & PHOTOGRAPHS BY WICHMANN + BENDTSEN

STYLING & PRODUCTION BY HELLE WALSTED

THE ANCIENT BLACKSMITHERY 정겨운 대장간

"불완전성은 삶의 일부입니다. 그 안에 시와 유머가 숨어 있죠." 덴마크 건축가 도르테 맨트루프 폴센은 이런 정신을 반영하여, 다른 두 명의 덴마크 건축가(루이 베커, 옌스 토마스 아른프레드)와 함께 그리스 레스보스 섬에 있는 대장간을 공동 별장으로 개조했다. 세 건축가와 그들의 가족은 여러 해 동안 바닷가에서 여름휴가를 함께 즐겼다. "우리는 모두 덴마크에 살지만 여름이면 이곳에서 가족들과 휴가를 보내죠. 이 집을 얻은 지 8년이나 됐으니 우리 아이들은 벌써 오랜 역사를 함께한 셈이네요." 에게 해의 남동쪽 끝에 자리 잡은 레스보스 섬은 작은 해변 도시와 마을로 이루어져 있으며 매혹적인 경치로 명성이 높다. 올림포스 남쪽 산자락의 작은 마을 플로마리에는 관광객의 발길이 닿지 않아 고대 그리스 세계의 옛 모습을 그대로 간직하고 있다. "전통이 살아 숨 쉬는 마을이라는 점이 특히 마음에 들어요." 저마다 다른 형

태와 크기, 색깔을 지닌 집들이 무성한 올리브 나무숲과 맑고 푸른 바다를 배경으로 한 쇠락한 공장, 텅 빈 건물, 오래된 저택과 어우러져 이 도시의 조화로운 건축미를 완성한다. 그 풍경의 한가운데에 옛 대장간 건물이 자리 잡고 있다. 1930년대에 지어진 이후, 2009년 도르테와 건축가 친구들의 손에 다시 태어나기 전까지 오랫동안 비어 있던 건물이다. 원래는 전체가 하나의 공간으로 된 석조 건축물이었지만 그들은 공간 한쪽에 침대, 주방, 욕실을 포함한 아늑한 목조 구조를 짜 넣었다. 건축가들은 그 집에 새겨진 세월과 사람의 흔적에 매료되었다. 창고라는 본래의 용도에 충실한 옛날 건물의 특성이 고스란히 보존되어 있었기 때문이다. "오래된 건물을 개조할 때는 그곳에 깃든 옛 정신이 훼손되지 않도록 주의해야 해요. 전부 다 고치면 너무 완벽해져 버리거든요." 그녀는 대장장이가 사용하던 장비나 오래된 주물 난로,

낡은 금속 테이블, 철제 창문 같은 특이한 요소들을 이 집의 매력으로 꼽는다. 그중에서도 해변의 경치를 액자에 담은 듯이 보여 주는 창문은 단연 으뜸이다. "이 집의 본질을 그대로 살리려 애를 많이 썼어요. 불완전성이 이 집의 역사를 말해 주니까요. 외국인들이 아름다운 집을 사서는 자기 나라의 전통을 들여오거나 집 전체를 완전히 뜯어고치는 바람에 그곳이 간직해 온 문화가 흔적도 없이 사라져 버리는 경우를 많이 보셨을 거예요." 집 안 곳곳에 새겨진 불완전함은 그들의 삶에도 자연스레 녹아들었다. "우리는 함께 어울리고, 요리를 하고, 해수욕을 즐기고, 숲 속을 산책하는 것 외에 다른 활동은 별로 하지 않는답니다. 시간을 그다지 의식하지 않는 거죠! 휴가 때는 휴식을 취하는 게 가장 중요하니, 다른 일에는 크게 신경 쓰고 싶지 않아요."

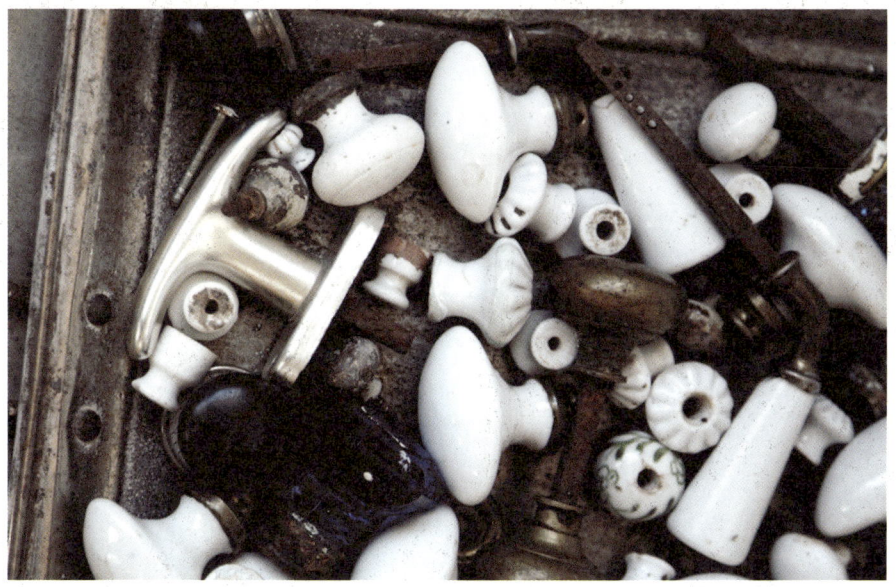

THE FORMER PASTRY FACTORY 추억의 빵 공장

Paris, France

산업 디자이너 스테판 퀴트레수는 한때 페이스트리 커팅 공장이었던 제조회사의 창고를 처음 발견한 순간부터 집으로 꾸미고 싶다고 생각했다. 시끌벅적한 파리 11구에서 벗어난 외진 골목에 자리 잡고 있어, 이 건물은 도시에서 동떨어진 듯한 고즈넉한 느낌을 준다. "이 길로는 차가 지나다닐 수 없어요. 조약돌이 깔린 옛길이 그대로 남아 있죠. 파리 도심에서는 찾아보기 힘들지만 여기에서는 들풀, 허브, 꽃과 정원까지 얼마든지 볼 수 있어요." 스테판은 집 내부 장식에는 공을 많이 들였지만 비바람의 흔적이 고스란히 담긴 정겨운 외관은 일부러 본래의 모습대로 남겨 두었다. 자연광, 흙빛에 가까운 색조, 예술적인 터치를 드러내고, 공장 같은 느낌 그대로 가정집다운 실내 장식을 완성할 수 있었다. "건물 외관에서 느낀 첫인상을 간직한 채 내부로 들어와 독특한 구조를 살펴보면, 이 공간에 깃든 영혼을 느낄 수 있어요." 본연의 아름다움을 지켜내고자 건물의 일부는 허름한 상태로 남겨 두어 공장 벽의 고풍스러운 색감과 낡은 창문, 튀어나온 목재 서까래를 원형대로 유지하고 있다. "파리에서는 찾아볼 수 없는 매우 아늑하고 특별한 공간이에요. 정말 집다운 편안함을 주죠."

2007년부터 그는 자신만의 개성이 묻어나는 가구를 디자인하기 시작했고, 얼마 후에는 닳아 버린 금속, 녹슨 철제, 다듬어지지 않은 목재와 같이 세월이 갈수록 진가를 발휘할 아이템들을 전시하는 '아틀리에 154'를 오픈했다. "소재에 따라 낡아 가는 방식이 모두 달라요. 물건마다 독특한 불완전성이 만들어지는 거죠. 절대 똑같은 흠집이 두 번 생길 수는 없으니까요." 그의 디자인과 실내 장식은 어수선한 모습을 감추려 하지 않으며 낡고 손상된 흔적들을 오히려 강조한다. 그의 전시장 또한 공장을 개조한 집을 그대로 옮겨 놓은 듯한 모습이다. 전기 절연체가 스툴로 모습을 바꾸었나 하면, 낡은 전구가 꽃병에 꽂혀 있고, 회전 톱의 원판이 바닥에 줄지어 놓여 있다. 이렇게 낡은 소재를 새로운 요소에 접목시키는 이유는 공장에서 찍어낸 듯한 느낌을 주고 싶지 않아서다. "제 디자인은 완벽하지 않지만 사실 일부러 그렇게 만든 거예요." 가구 디자이너라는 직업은 물론 사생활에서도 스테판은 완벽함을 이상적인 목표로 추구하지 않는다. "창조와 디자인에는 논리가 필요 없어요. 변형과 규칙을 찾아 하나로 이어 주는 작업이 얼마나 큰 기쁨인지 모릅니다." ○○○

TWO OF A KIND

똑같은 둘

WORDS BY JOHN STANLEY & ILLUSTRATION BY SARAH JACOBY

세탁을 할 때마다 양말 한 짝씩은 으레 사라지기 마련이므로
제대로 된 양말 컬렉션을 완성하기란 여간 힘든 게 아니다. 하지만 서랍 속에
짝 잃은 양말들이 마구 뒤섞여 있더라도 평상심을 유지할 방법은 있다.

인생에서 절대 피할 수 없는 세 가지가 있다. 바로 죽음, 세금, 그리고 양말을 잃어버리는 것이다. 아무리 줄기차게 새 양말을 사도 한 짝은 계속 없어진다. 원인도, 이유도 알 수 없지만 받아들일 수밖에 없다. 마트에서 산 묶음 상품이든 페루산 비쿠냐 털실로 한 땀 한 땀 손수 뜬 양말이든, 양말은 결혼과 닮아 있다. 파트너는 떠나 버리고 혼자 남은 채 세탁의 의무만 떠안는 결말은 이혼과 흡사하다. 내 삶을 스스로 책임져야 하는 성인이 되면서 나는 이 문제를 한 방에 해결하고 싶었다. 무조건 검정색 양말만 사 모으는 것이 그 답이었다. 짝을 맞출 필요도, 서랍 속을 휘저으며 애타게 반쪽을 찾을 필요도, 처량하게 혼자 내버려질 리도 없으니 말이다.

당시에는 실용적인 양말 관리법과 현명한 사랑법을 동시에 찾았다는 사실에 뿌듯하기까지 했다. 그러나 스타일, 상표, 구입 시기가 제각각인 검정 양말은 서랍 속에서 점점 질서를 잃고 혼란에 빠졌다. 검정색인 줄 알고 샀지만 알고 보니 어두운 감색이나 짙은 회색인 양말도 있었다. 원래 질서와 정리를 중시하는 까다로운 성격인지라, 짝이 맞는 것도 아니고 안 맞는다고 할 수도 없는 양말을 신어야 한다는 상황이 못마땅했다. 죄다 새까만 양말들 사이에서 짝을 찾기란 갈수록 어려워졌다. 목의 길이부터 바느질 모양, 미묘한 색감까지 꼼꼼히 체크하다 보니 시간도 만만치 않게 소요되었다. 결국 나는 갖고 있던 양말을 몽땅 갖다 버리고 같은 가게에서 같은 상표의 검정 양말을 세트로 사 버렸다. 고작 내놓은 해결책이 이런 사치스러운 방법이라니 나 스스로도 부끄러울 지경이었다. 하지만 이렇게 시작된 양말의 새 시대 역시 그리 오래가지 못했다. 이번에는 낡아 가는 속도가 제각기 달라 나의 신경을 건드렸다.

일본에는 '와비사비'라는 철학이 있다. 삶의 매 순간, 불완전함, 과정에 가치를 두는 개념이다. 손으로 빚은 울퉁불퉁한 항아리, 들판에 흩어진 낙엽, 세탁기 틈새에 낀 양말 등은 모두 소중히 받아들여야 할 존재의 변화 과정이다. 질서를 완강히 거부하는 대상에 억지로 질서를 부여하는 게 과연 현명할까? 그런다고 당신 뜻을 이룰 수 있는 것도 아니다.

나는 주위 사람들에게 물어보았다. 꼼꼼한 성격의 친구 하나는 검정 양말 열 켤레를 한꺼번에 산 다음 한 짝씩 색실로 작은 고리를 만들어 둔다고 했다. 그러면 어느 짝인지 한눈에 알아볼 수 있다는 것이다. 온통 검은 양말만 사서 해마다 크리스마스와 새해 무렵에 내다 버리고 같은 가게에서 다시 사서 채운다는 친구도 있었다. 하지만 지인들에게 색다른 종류의 양말을 선물 받으면 어떻게 처리해야 할지 난감하다고 털어놓았다. 또 이사를 갈 때마다 양말을 모두 버리고 새로 산다는 친구도 있었다. 이 방법은 설레는 기분을 느낄 수 있어 좋기는 하겠지만, 돈을 너무 많이 쓰게 되니 문제. 결론적으로 어떤 원칙이든 포기해야 하는 부분이 있다는 사실은 인정해야 했다.

결국 나는 마음을 편히 갖기로 했다. 이제는 양말을 살 때 색깔과 무늬를 가리지 않는다. 또 서랍장 가장 위 칸에 양말들을 섞어 놓고 우연히 짝이 만나도록(또는 더 헝클어지도록) 내버려두는 단순하면서도 단호한 분류법을 선택했다. 양말 커플에게는 가혹할지 몰라도 꽤 괜찮은 방법이다. 모든 걸 내려 놓으면 양말 더미가 무질서하고 자유분방한 방랑의 무리로 보인다. 그래서 나는 만물의 덧없음을 되새기고 싶을 때마다 양말 서랍 속을 들여다본다. ○○○

존 스탠리는 런던에 사는 작가이자 음악가이다. *theinfinitecurve.com*과 *worldarchery.org*에 궁술에 관한 글을 게재하고 있다.

TO CONSERVE AND PROTECT
보존과 보호

습한 다락방에 수백 년간
방치되거나 질투심에 눈먼
연인의 손에 캔버스가 찢기는 등
예술품이 겪는 수난의 종류도 꽤
다양하다. 어떤 손상을 복원하고
어떤 흠을 보존할지 결정하는 것은
온전히 예술품 복원사의 몫이다.

WORDS BY JOANNA HAN &
PHOTOGRAPHS BY SHANTANU STARICK

뮤른 라이든은 아일랜드 국립미술관의 미술품 복원가이다. 이곳에서 그녀는 1만 5천 점 이상의 그림, 조각, 기타 예술품을 최상의 상태로 유지하는 관리팀의 일원으로 근무하고 있다. 화가 출신인 그녀는 본인만의 예술적 감수성과 온갖 과학적 지식을 동원하여 세월의 풍파가 남긴 예술품의 결함을 치료한다. 그것은 수백 년 된 그림의 자연스러운 색바램일 수도, 관리를 잘못해서 생긴 손상일 수도 있다. "예술사가, 화가, 과학자, 탐정의 역할이 모두 필요한 일이에요. 몇십 년 전만 해도 단지 추측만으로 원본의 모습을 재구성했지만, 오늘날에는 화학과 물리학 지식에 따른 정확한 분석 결과를 토대로 복원 작업을 합니다."

미술관의 수많은 소장품 중에서도 단연 귀중한 보물은 스페인 출신의 바로크 화가 바르톨로메 에스테반 무리요(1617~1682)의 6폭짜리 연작 그림이다. 뮤른은 이 작품들을 보존하고 무리요의 기법을 새롭게 연구하는 대규모 프로젝트를 책임지고 있다. 강렬한 빛, 짙은 음영, 풍부한 감정과 선명한 색상을 특징으로 하는 이 시리즈는 전형적인 바로크 스타일로, 성경에 나오는 탕자의 이야기를 인상적으로 표현한다. 수 세기 동안 이 그림은 여왕, 교황, 백작 등의 손을 거쳐 마침내 1987년에 아일랜드 국립 미술관에 기증되었다. 그래서인지 처음 도착했을 때는 상태가 좋지 못했다. "도료가 벗겨져 선명도가 크게 떨어진 상태였어

요. 전체적으로 누렇게 변색되어 무리요의 섬세한 색조가 제대로 표현되지 않았죠."

불행히도 몇몇 작품은 1960년대의 지나친 복원 작업 탓에 심하게 마모되거나 조잡하게 마감되어 있었다. 복원가들은 변질된 재료는 물론 과거의 잘못된 복원 작업에도 손을 대야 할 때가 많다. "고고학자들만큼이나 미세한 작업을 해야 할 때도 있어요. 오래 묵은 때와 과거의 복원 흔적을 세심하게 벗겨 내고 무리요의 아름답고 경쾌한 붓 터치를 드러내야 하니까요." 복원가들은 엑스레이, 적외선 사진, 재료 샘플링 등의 기법을 적절히 활용하여 화가의 작업 방식을 완벽히 숙지한다. 때로는 생뚱맞거나 어설픈 붓놀림, 또는 변색된 것처럼 보

이는 부분도 시간의 흐름이 만들어 낸 흔적이 아닌 화가의 손길로 밝혀지기도 한다. "복원 작업의 매력이 바로 거기에 있는지도 몰라요. 시대를 초월해서 화가가 걸작을 어떻게 만들어 냈는지 정확히 들여다보는 거죠. 복원가는 최종 완성품만 감상하는 것이 아니라 작품을 마무리하기까지 화가가 거쳐 온 과정을 모두 지켜봐야 해요. 그야말로 영광의 순간이죠. 과학 기술 덕분에 예술가가 작품을 창조하는 모습을 바로 옆에서 보는 듯한 감동을 느끼기도 해요."

복원에서 가장 중요한 것은 기술로 완벽히 완성시키는 것이 아니라, 예술가의 원래 의도를 제대로 전달하는 것이다. 그 다음으로는 결점을 최

소화하는 것이 중요하다. 과거에 행해진 복원 작업은 원본의 특징을 그대로 되살리지 못한 경우가 많기 때문이다. "제게는 작품을 보존하는 일이 무엇보다 중요합니다. 역사에 길이 남을 이 작품들을 관리하다 보면 마치 제가 역사의 일부가 된 것처럼 느껴져요." ○○○

조안나 한은 킨포크의 편집자이다. 오레곤 주 포틀랜드에서 글을 쓰고 훌륭한 커피를 마시며 지내고 있지만 조만간 스웨덴으로 이주할 계획이다.

DREAM WEAVERS
꿈을 짓는 사람들

WORDS BY NICOLE VARVITSIOTES & PHOTOGRAPH BY CRAIG JOHNSON

스파이더 록에서 베를 짜는 사람들 사이에는 작품에 일부러 결함을 남겨 두는
전통이 있다고 한다. 이는 나바호 인디언의 전설에 영향을 받은 것으로
어디에도 구속되지 않고 자유로움을 만끽하고자 하는 의도가 담겨 있다.
이러한 전통을 통해 우리는 창조력의 성장에 대해 많은 교훈을 얻을 수 있다.

뜨거운 햇살이 내리쬐는 캐니언 드 셰이에는 스파이더 록으로 알려진 뾰족한 사암 바위가 있다. 그 옛날 거미 여인은 햇빛과 번개, 비가 쏟아지는 스파이더 록 꼭대기에서 거미 사나이가 만들어 준 베틀로 하염없이 베를 짰다. 이 나바호 전설의 자세한 내용은 세월이 흐르면서 희미해졌지만, 원주민 길쌈꾼 에밀리 말론(그녀의 가족은 여러 세대에 걸쳐 독특한 스파이더 록 문양을 계승해 왔다)은 그녀의 부족민들이 길쌈을 하게 된 유래에 대해서만큼은 잘 알고 있다.

"태양 아버지가 있는 곳으로 여행을 떠난 쌍둥이 형제의 전설은 겨울에만 들을 수 있는 이야기예요. 쌍둥이 형제는 가는 길에 거미 여인을 만나 그녀의 집에 초대를 받았어요. 하지만 그 집에 도착해 보니 집이 너무 작아서 형제는 거미 여인에게 어떻게 들어가야 하냐고 물었죠. 그랬더니 갑자기 커다란 구멍이 생겨 형제는 집 안으로 들어갈 수 있었어요. 집 내부는 각양각색의 직물로 장식되어 있었어요. 거미 여인은 형제가 어머니를 모시고 오면 길쌈을 가르쳐 주겠다고 했어요."

거미 여인의 솜씨를 전수받은 나바호 민족은 매서운 겨울을 따뜻하게 날 수 있는 담요를 만들고 이를 팔아 새로운 생계 수단으로 삼았다. 길쌈꾼들은 거미 여인을 기리기 위해 일부러 담요 한가운데에 구멍을 남겨 두었다. 이는 거미줄 가운데에 있는 구멍과 쌍둥이 형제가 거미 여인의 집으로 들어간 구멍을 동시에 상징하는 표시이다.

하지만 갈수록 소비자들은 이 구멍을 탐탁지 않아 했다. 작품의 완성도를 떨어뜨리는 흠이라고 보았던 것이다. 그러나 길쌈꾼들은 구멍을 막으면 자신들의 영혼에 해가 될 수도 있다고 생각했기 때문에 타협안으로 작품에 '영혼의 선'을 새겨 넣기 시작했다. 불완전함을 상징하는 영혼의 선은 의도적으로 배경과 대비되는 색의 실을 사용해 직물의 일정한 기하학적 무늬에 숨통을 틔우는 역할을 한다. 그 위치와 길이, 개수는 만드는 사람의 취향에 따라 달라지지만, 그 안에 담긴 의미는 동일하다.

여전히 영혼의 선을 일부러 만들어 낸 실수라고 보는 사람들도 있지만, 에밀리는 그것이 지닌 아름다움을 높이 평가한다. 그녀가 속한 문화권에서 그것은 '시니비틴', 즉 '내 영혼의 길'이라고 불린다. 그녀의 부족은 영혼의 선을 창의력이 직물에 영원히 갇혀 있지 않도록 해방시키기 위해 의도적으로 설치한 통로라고 생각한다. "영혼의 선은 우리에게 중요한 의미예요. 다음 작품에 영혼을 놓아 주는 장치니까요. 그게 없다면 창의력은 하나의 작품에 갇혀 다음 작품으로 넘어가지 못해요."

영혼의 선은 에너지를 발산하는 출구이자, 미래로 향하는 출입구이다. 길쌈꾼이 첫 작품부터 마지막 작품까지 참신한 디자인을 계속 창작하도록 도와주는 통로이다. 이 선이 없다면 디자인은 완벽한 아름다움을 자랑할 수도 있다. 하지만 완벽하다는 것은 달리 말하면, 더 이상 갈 곳도 없고 할 일도 없어진다는 뜻이다.

만약 영혼의 선이 창조성의 한계를 넓히는 시각적 표식이라면, 그 의미는 나마호의 땅을 넘어서 그림, 요리, 노래, 조각 등 다른 분야에까지 적용될 수 있다. 구체화하는 방법은 아티스트에 달려 있지만 예술가, 요리사, 포토그래퍼에게 이 아름다운 결함의 흔적은 영혼의 성장을 향한 길이 되어 줄 것이다. ○○○

니콜 바비치오테스는 언제나 인생의 긍정적인 면을 보는 작가이다. 캘리포니아 샌 루이스 오비스포에 살며 『데일리 뮤즈The Daily Muse』, 『포브스Forbes』, 『매셔블Mashable』에 기고하고 있다.

CULINARY CALAMITIES

레스토랑 주방에서 생긴 일

아무리 뛰어난 전문가라도 실수를 완전히 피해 갈 수는 없다.
오레곤 주 포틀랜드 출신의 셰프 6인이 부상과 시련,
처절한 실패로 얼룩진 그들의 흑역사를 공개한다.

제이슨 프렌치 '네드 러드Ned Ludd' 셰프/소유주

잉그리드 첸 '레머디 와인 바Remedy Wine Bar' 셰프

요한나 웨어 '스몰웨어즈Smallwares' 셰프/소유주

존 고햄 '토로 브라보Toro Bravo'와 '테이스티 앤 선즈Tasty n Sons' 셰프/소유주

스코트 돌리치 '파크 키친Park Kitchen'과 '벤트 브릭the Bent Brick' 셰프/소유주

가브리엘 러커 '르 피조Le Pigeon'와 '리틀 버드 비스트로Little Bird Bistro' 셰프/소유주

PHOTOGRAPH BY ANJA VERDUGO & STYLING BY ALISON BRISLIN

망친 요리에서 새로운 메뉴를 개발한 경험이 있나요?

제이슨: 최근 저희 레스토랑의 디너 코스에서는 소금에 절인 양 등심이 오르되브르와 애피타이저로 가장 인기가 있습니다. 양고기를 올리브 소금물에 푹 담가둔 걸 나흘이나 까맣게 잊어버리는 바람에 탄생한 요리죠. 얇게 썬 발효 케일과 훈연 버터, 블랙 올리브를 곁들이니 고기 맛이 일품이었어요.

잉그리드: 브라운 버터 홀랜데이즈 소스는 3년 전 추수감사절에 탄생했어요. 지금 남편의 가족을 처음 만나 이틀간 시끌벅적한 잔치를 벌이고 있던 때였죠. 만찬이 시작되기까지 불과 30분을 남겨 놓고 있었어요. 칠면조는 이미 쟁반에 올려놓았고, 빵과 속재료도 오븐에서 꺼내 놓았고, 소스도 거의 완성된 상태였죠. 홀랜데이즈와 함께 구운 델리카타 호박을 낼 생각이었어요. 그런데 정제 버터를 만들려다가 너무 센불에 끓였는지 우유 덩어리가 갈색으로 변하고 말았죠. 순간 몹시 당황했지만 브라운 버터 홀랜데이즈도 나쁘지 않겠다는 생각에 견과류를 넣은 정제 버터로 홀랜데이즈를 만들었어요. 거기에다 맛을 더하기 위해 갈색 덩어리 일부를 섞어 넣었고요. 호박의 달콤하고 짭조름한 맛에 브라운 버터가 더해지니 실패한 줄 알았던 요리가 대번에 만찬의 주인공이 되었죠.

요한나: 스몰웨어즈를 처음 오픈한 시기가 겨울이라 구할 수 있는 재료가 다양하지 않았어요. 저는 버터넛 호박을 튀겨 피시 소스, 베이컨, 민트에 버무려 보았죠. 나쁘지는 않았지만 생각한 것보다 맛이 너무 텁텁했어요. 대체할 재료를 찾다가 케일이 나는 철에 케일 잎에 튀김 반죽을 입혀 튀겨 봤어요. 가볍고 아삭거리는 게 바로 이거다 싶었죠. 지금은 우리 가게의 대표 메뉴가 되었답니다.

스코트: 파크 키친에서 실수로 개발한 병아리콩 튀김이 가장 유명합니다. 남부 프랑스의 병아리콩 팬케이크인 소카를 시도하다가 우연히 만들게 되었습니다. 반죽을 너무 뻑뻑하게 만들어서 폴렌타처럼 되어 버렸죠. 소카는 도저히 못 만들겠다 싶어 그냥 구이판에 부어 냉동 창고에 넣어 두었어요. 그러고는 그날 밤에 직원들에게 주려고 반죽을 길게 잘라서 바싹 튀겨 보았죠. 놀랍게도 모두들 좋아하더군요.

가브리엘: 헤비크림을 넣어 바닷가재 크림소스를 만들다가 너무 오래 끓여 버렸어요. 그 결과 층이 분리되어 엄청난 풍미를 지닌 혼합물이 탄생했답니다. 정확히 말하면 바닷가재 육수와 바닷가재 버터 비슷한 것 두 가지가 동시에 만들어졌죠.

존: 코스 요리사가 샐러드에 넣을 헤이즐넛을 실수로 몽땅 태워 버렸죠. 버리는 대신 다크 로스티드 헤이즐넛 아이스크림의 베이스로 활용했어요.

주방에서 상처나 큰 부상을 입은 적이 있나요?

존: 부상은 없었지만 위기일발의 상황을 겪은 적이 있어요. 1993년에 와이오밍의 '뮤럴 룸 Mural Room'에서 소스 담당 요리사로 일하고 있을 때였어요. 다른 직원들은 모두 식사하러 나가고 저와 식기세척기만이 주방을 지키고 있었죠. 둘 사이의 거리가 3미터 정도 떨어져 있었어요. 그런데 누군가 조리대 위에 올려 둔 조리용 스프레이 캔이 과열됐는지 갑자기 폭발하더니 주방 곳곳에 금속 파편이 튀었어요. 가장 큰 조각은 엄청난 속도로 날아간 거 같더라고요. 벽 두 개를 관통해서는 세 번째 벽에 박혔으니까요. 그게 저한테 날아왔으면 머리가 떨어져 나갔을지도 몰라요.

요한나: 뉴욕의 '퍼블릭Public'에서 일할 때 오븐에서 소꼬리 찜을 꺼내다가 손에서 놓치고 말았어요. 펄펄 끓는 국물이 발 위에 쏟아지자 엄청난 고통이 밀려왔죠. 하지만 마치 아무 일도 없었던 듯 소꼬리를 테이블에 던져 놓고 사무실로 들어갔어요. 양말을 벗어 보니 살점이 왕창 떨어져 나갔더라고요. 상처에 화상연고를 바르고 거즈로 덮은 다음 양말을 도로 신고 근무를 마쳤어요. 알고 보니 발등의 신경이 모두 녹아 버렸더군요. 의사는 직원 전부를 사무실에 불러 모아 제 발 상태를 보여 주었죠. 하지만 일손이 너무 부족해서 그런 상태로도 일을 계속 해야 했어요. 어쩔 수 없이 나무 상자에 걸터앉아 재료 손질을 했죠!

제이슨: 셀 수도 없어요! 칼에 베이거나 긁히는 상처는 늘 생기니까요. 특히 밤새도록 식초와 레몬즙을 만져야 하는 샐러드 뷔페에서 일할 때 손에 상처가 생기면 얼마나 쓰라린지 몰라요! 그중 최악은 발에 40L들이 냄비에 든 튀김 기름을 엎지른 사건이에요. 발등과 다리에 온통 2도, 3도 화상이 생겼죠. 일하다가 사고가 나면 전화 의료 상담 서비스를 이용해요. 응급처치 노하우를 드리자면 머스터드에는 항균 성분이 있어 심한 화상에 아주 유용해요. 큰 상처가 나서 출혈이 멈추지 않을 때에는 순간접착제를 사용하면 좋답니다.

잉그리드: 저는 화상, 창상, 관통상, 수포 등등 안 입어 본 상처가 없어요. 하지만 가장 심각한 부상은 양고기 다리 40개를 밤새도록 삶던 중에 생겼어요. 다 익어 가는 양다리를 뒤집다가 펄펄 끓는 양 지방이 온 얼굴에 튄 거예요. 피부에 바로 물집이 잡히더니 뺨과 턱에 동전만 한 크기의 2도, 3도 화상을 입고 말았죠. 끔찍하게 고통스러웠지만, 그래도 묵묵히 요리를 끝내야 했어요.

스코트: 지금은 문을 닫은 포틀랜드의 '윌드우드Wildwood' 레스토랑에서 탄두리 오븐에 상처를 많이 입었습니다. 그때는 주문이 들어오면 세라믹 오븐 한쪽에 난을 구웠어요. 오븐 상부의 작은 입구로 손을 뻗어 반죽을 오븐 가장자리에 올려놓아야 했죠. 500℃에 가까운 오븐 입구에 팔뚝을 스치기 일쑤라 결국은 팔에 고리 모양의 화상 자국이 생겼는데, 일을 계속 하다 보니 지금은 팔 둘레를 따라 흉터로 남았어요. 영광의 상처이긴 하지만 반복되는 고통을 참기란 여간 힘든 게 아닙니다. 이런 상처는 앞으로도 끊이지 않을 것 같아요.

주방에서 벌어진 사건 중 손님들이 알았다면 가장 황당해 했을 일은 무엇인가요?

제이슨: 예전에 일하던 레스토랑에서 주방이 몇 시간 동안 정전된 적이 있어요. 조명이 없어서 전기가 들어올 때까지 소형 손전등을 입에 문 채 요리를 했어요. 정말 짜증스러운 노릇이었죠.

존: 신참 요리사가 뚜껑 덮는 걸 잊고 믹서기를

돌리다 내용물을 온통 뒤집어쓰는 모습은 언제 봐도 우습죠. 하지만 그런 일이 자주 일어나지는 않아요. 한 번만 겪어도 다시는 하지 않을 실수니까요!

요한나: 스몰웨어즈에 한동안 손님이 뜸해져 어려운 시기를 겪고 있을 무렵이었죠. 어느 토요일 저녁이었는데 그날따라 유난히 발 디딜 틈 없이 손님이 몰려들었어요. 그런데 갑자기 주방 안에 오물 냄새가 진동하는 거예요. 돌아보니 배수구가 넘치고 있었어요. 개방형 주방이라 역겨운 냄새가 삽시간에 온 가게를 뒤덮으리라는 건 불 보듯 뻔했죠. 새파랗게 질리고 말았어요. 다행히도 재빨리 배수구를 뚫고 깨끗이 청소를 마쳐 무리 없이 손님을 받을 수 있었어요. 제 경력을 통틀어 가장 끔찍한 밤이었어요. 그때만 생각하면 지금도 숨이 턱 막히는 것 같아요.

레스토랑 주방에서 요리를 하다가 겪은 가장 큰 사고에 대해 말씀해 주시겠어요? 그 일에 어떻게 대처하셨나요?

스코트: 포틀랜드에 있는 벤트브릭의 테라스에서 꼬챙이에 끼운 통돼지를 굽던 중이었어요. 그런데 고객들이 모두 보는 앞에서 돼지에 불이 붙어 버린 거예요. 손 쓸 새도 없이 까맣게 타 버렸죠. 그나마 다행인 점은 아무도 다치지 않은 채 테라스에 있는 고객들에게 화끈한 구경거리를 선사했다는 거예요.

제이슨: 메인 주 포틀랜드의 '포어 스트리트Fore Street'에서 돼지 등심을 옮기다가 위층에서 다이닝룸이 있는 층으로 떨어뜨린 적이 있어요. 너무 당황해서 어쩔 줄 모르고 있는데 샘 헤이워드(제임스 비어드 상을 수상한 셰프)가 어깨를 꽉 문 채로 "가서 주워 와. 지금 당장." 하고 속삭였죠. 이 업계에서는 유명한 일화예요.

가브리엘: 우리 가게는 주방이 개방형이라 손님이 모든 것을 알게 돼요. 언젠가 조리대에 기름을 엎질러 주방에 불이 붙었을 때도 숨길 방법이 없었죠. 재빨리 불을 끄고 영업을 계속했지만 동판에는 아직도 연기 자국이 남아 있어요.

존: 레스토랑 주방에서 요리를 하다가 프라이팬에 불이 붙은 적이 있어요. 스프링클러 설비가 작동하지 않아 소화기를 사용하고 나니 여기저기 소화기 분말이 들러붙어 있었죠. 이럴 때에는 대개 가게 문을 며칠 닫아야 하지만 직원들이 워낙 신속하게 움직인 덕분에 영업을 계속할 수 있었어요. 모든 재료를 폐기하고, 몇 시간 안에 준비할 수 있는 요리를 골라 메뉴판을 다시 만들고, 레스토랑 내부를 꼼꼼히 청소했죠. 접시, 유리잔, 조리도구, 냄비, 팬 등 도구와 식기도 모두 다시 세척하고, 벽, 바닥 할 것 없이 구석구석 박박 문질러 닦았어요. 프라이팬을 새로 주문했더니 한 시간도 되기 전에 도착하더군요. 보건 당국에 영업재개 허가를 얻고, 주변을 정리한 다음, 평소보다 한 시간 늦게 문을 열었어요. 직원들이 그렇게 한마음으로 움직이는 모습은 처음 봤습니다.

집에서 요리를 하다가 얻은 교훈은 무엇인가요?

제이슨: '샐러드 드레싱은 파스타 소스로 쓸 수 없다'는 거요.

스코트: 가족을 위해 집에서 염소 통구이를 했는데 제 생애 최악의 요리가 되어 버렸어요. 가족 모임 때 내놓으려고 하루 종일 공을 들였지만 결국 너무 질겨서 먹을 수가 없더라고요. 말 그대로 도저히 씹어 삼킬 만한 음식이 아니었어요. 부모님은 저를 놀리려고 가족 모두에게 '염소를 먹지 맙시다'라고 쓰인 티셔츠를 만들어 주셨어요.

존: 크리스마스에 크락 팟Crock-Pot(낮은 온도에서 장시간 찜 요리를 하는 데 사용하는 전기 슬로우 쿠커)을 선물 받아서 어릴 때 맛있게 먹던 어머니의 크락 팟 닭 요리를 재현해 봤죠. 하지만 밍밍하고 물컹거려서 먹기가 힘들었어요.

레시피에 충실하고 재료를 정확하게 계량하는 편인가요, 아니면 기분에 따라 내키는 대로 요리하는 편인가요?

요한나: 계량이라면 질색이에요! 저는 그냥 제 느낌대로 맛을 봐 가며 요리하는 편이에요. 재료를 별 생각 없이 집어넣다 보니 다음 날만 돼도 뭘 넣었는지 기억나지 않을 때가 있어요. 레스토랑을 2년간 운영한 후에야 재료를 계량하고 레시피를

기록으로 남기기 시작했어요. 그것만으로도 큰 발전이죠. 하지만 지금도 레시피를 멋대로 바꿔 놓고 부주방장에게 알리는 걸 잊을 때가 많아요!

제이슨: 정통 레시피가 존재하는 데는 다 이유가 있습니다. 재료의 비율은 그중의 기본이고요. 재료의 성질을 이해하려면 오랜 노하우가 필요하지만, 우리는 전통에 뿌리를 두면서도 융통성을 발휘할 수 있죠. 레시피는 참고사항일 뿐 법칙이 아니기 때문에 반드시 따라야 할 이유는 없어요.

완벽함에 대해서는 어떻게 생각하시나요? 완벽한 요리가 있을 수 있나요?

잉그리드: 먹는 사람 입장에서는 한 끼 식사가 완벽할 수 있지만, 요리사의 입장에서는 언제나 조금 더 개선할 부분이 있다고 생각해요. 하루 종일 사소한 결정을 수도 없이 내려야 하지만(스테이크를 언제 뒤집을지, 생선 옆구리의 어느 부분에 칼집을 낼지, 감자에 소금을 얼마나 뿌릴지), 그중 완벽한 결정은 하나도 없어요.

제이슨: 저는 장작 오븐 하나로 거의 모든 음식을 만들기 때문에 불완전한 결과에 면역이 되었어요. 저는 어떤 일에든 완벽하겠다는 생각을 버리고 인생의 불완전성에서 진정한 아름다움을 찾으려 노력합니다. 자연은 우리에게 세상이 조금씩 나아지고 있음을 끊임없이 일깨워 주죠.

존: 계속 망치다 보면 배우는 게 있습니다.

요한나: 저는 주방에서 세심하지 못하고 덜렁대는 편이에요. 때로는 아름답고 자로 잰 듯 정확한 상차림이 완벽하게 느껴지기도 하지만 제 능력이 거기까지 미치지 않는다는 건 잘 알고 있어요. 그만큼 제 한계를 잘 알기 때문에 현실과 적당히 타협하기로 마음먹었어요. 완벽에 도달했다고 생각하는 순간, 더 이상 배울 게 없어질 테니까요.

가브리엘: '원석을 보석으로 다듬는다'는 말도 있잖아요. 때로는 불완전한 것도 완벽할 수 있어요. 같은 요리를 먹더라도 누군가는 완벽하다고 느낄지 몰라도 다른 사람은 실망할 수도 있죠. 그런 상황을 최대한 줄이는 게 목표입니다.

A LETTER FROM LEFTY

왼손잡이의 편지

WORDS BY GEORGIA FRANCES KING & PHOTOGRAPH BY ANJA VERDUGO

오른손잡이님께

우선 이 편지를 읽기가 불편하시다면 진심으로 사과드립니다. 내용이 지나치게 솔직해서가 아니라 만년필 잉크가 번져서 생긴 얼룩 때문이라면요.

저와 당신은 델마와 루이스 같은 단짝 친구이니, 제 입장에서 왼손잡이의 삶에 대해 조금 들려 드리고 싶어요. 사실 왼손잡이로 사는 것도 그리 나쁘지만은 않답니다.

왼손잡이는 세계 인구 중 10%에 불과하지만 그중에는 역사에 남을 유명 인사들이 적지 않아요. 잭더 리퍼나 알렉산더 대왕 같은 사이코패스도 있지만, 아인슈타인과 레오나르도 다빈치 같은 천재도 있답니다. 또 제2차 세계대전 이후에 취임한 미국 대통령의 절반 이상이 왼손잡이였다고 해요. 오바마와 클린턴 대통령을 포함해서요. 멘사 회원 중에도 왼손잡이의 비율이 매우 높지요. 비록 모로코에서는 우리를 이누이트 신을 섬기는 주술사로 보아 불길하게 여겼지만, 잉카인들은 왼손잡이를 치유자로, 아메리카 원주민 주니족은 행운의 상징으로 생각했죠.

하지만 서럽게도 제 이름의 어원조차 제 편이 아니더군요. 왜 여성들은 왼손잡이(Mr. Left)를 좋은 남편감으로 생각하지 않는 걸까요(Mr. Right: 이상형의 남자)? 왜 지도자에게는 '오른팔'만 있고 어설픈 사람에게는 '왼발만 두 개(two left feet: 춤을 추거나 운동을 할 때 움직임이 서투른 사람)'라 할까요? 다른 언어도 마찬가지예요. 이탈리아어에는 '왼쪽'이라는 단어에 '불운'의 뜻이 담겨 있고, '왼손잡이'라는 단어에는 '음흉하다'라는 뜻이 숨어 있죠. '서투름'을 가리키는 독일어에도 '왼손잡이'의 의미가 담겨 있어요. 심지어 양손잡이라는 뜻의 'ambidextrous'도 ▨▨의 '양쪽이 모두 옳다(right)'라는 단어에서 왔으니, 왼쪽의 편을 들어 주는 말은 하나도 없나 봐요.

오른손을 위한 물건만이 가득한 세상은 우리에게 너무 가혹해요. 왼손으로는 가위로 뭘 자를 수도 없고 병따개를 쓸 수도 없어요. 마우스 클릭도 불편하죠. 전동공구를 쓰다가 큰 부상을 입게 될지도 몰라요. 식탁에서 음식을 먹다가 옆 사람과 팔꿈치를 부딪치고 오케스트라에서 연주를 하다가 활에 눈이 찔리기도 해요. 악수를 할 때도 늘 당신의 편의를 배려해야 하죠.

그러나 인생에는 우리에게 더 유리한 측면도 있어요. 몸의 왼쪽은 우뇌의 지배를 받지만 우리는 날마다 왼쪽 뉴런을 더 많이 사용하죠. 그 결과 왼손잡이는 두뇌 양 반구 사이의 신경 통로가 더 튼튼해지기 때문에, 의사결정이 신속하고 정보 처리가 빠르며 멀티태스킹에도 능하다고 해요. 우리의 강점은 뇌에만 국한되지 않아요. 영어에서 왼손으로만 타이핑할 수 있는 단어는 3,400단어, 오른손으로는 450단어라고 하니 왼손잡이는 타자 속도도 더 빠르겠죠. 우리는 고기를 썰고 나서 먹을 때 포크를 바꿔 쥘 필요가 없어요. 또 오른쪽 줄보다 왼쪽 줄을 선택하는 경향이 있어 줄을 설 때 오래 기다리지 않아도 돼요. 우리는 물속에서 더 또렷이 볼 수 있게 진화했고, 관절염이나 궤양이 생길 가능성도 적답니다.

하지만 궁극적으로 우리 손을 들어 주는 게 뭔지 아세요? 바로 '진화'입니다.

만약 우리가 정말로 생존에 불리한 조건을 갖고 있다면, 다윈의 진화론에 따라 이미 오래전에 도태되고 말았겠죠. 하지만 우리는 지금까지도 이렇게 살아남았어요. 왜일까요? 바로 싸움에 유리하기 때문이에요. 그래요, 당신과 나 사이에 주먹다짐이 벌어지면 제가 이길 가능성이 항상 조금 더 높다고 해요. 40만 년 전, 네안데르탈인으로 진화한 당신은 오른손잡이와의 결투에 익숙했지요. 그런데 느닷없이 왼손잡이가 동굴에서 튀어나와 당신 부족에 도전장을 내밀었죠. 우리가 숨 쉴 틈 없이 날리는 잽은 당신이 예상치 못한 각도로 파고들었기 때문에 결국 당신은 우리를 이길 수 없었어요. 그래서인지 우리는 야구의 타자와 올림픽 펜싱 선수로도 두각을 나타내고 있죠. 자연이 우리를 선택한 이유도 그 때문이에요. 그러니 결국에는 제가 세상을 지배하는 날이 오지 않을까요.

오른손잡이님, 당신 생각은 어떤가요? 제 말에 동의하시나요? ○○○

왼손잡이 드림

Lefty

BLOOD ORANGE AND BOURBON MARMALADE

블러드 오렌지와 버번 마멀레이드

RECIPE BY SUZANNE FUOCO

아 침식사로 술 냄새가 확 풍기는 잼은 어떨까? '핑크 슬립 잼Pink Slip Jam'의 수잔 푸오코가 하루를 활기차게 시작해서 달콤하게 마무리할 수 있는 쉽고 간단한 보존식품 레시피를 소개한다.

재료	조리도구
중간 크기의 블러드 오렌지 8개	스테인리스스틸 또는 법랑 소스팬 큰 것
레몬 4개(메이어 레몬이 좋다)	240ml들이 통조림 병 8개
물 4컵(1L)	뚜껑과 병 거치대가 있는 통조림용 냄비
버번 1컵(235ml)	병 집게
과립당 5컵(1kg)	국자
클로브 가루 1티스푼	입구가 넓은 깔때기

만드는 법 오렌지의 흰 심과 씨를 제거하고 즙을 짠다. 필러나 과도로 오렌지 겉껍질을 벗긴 후 가늘게 채 썬다. 오렌지 껍질, 과즙, 과육을 큰 소스팬에 담는다.

레몬도 똑같이 흰 부분과 씨를 제거하고 즙을 짠 다음 겉껍질을 벗겨 가늘게 채 썬다. 오렌지가 담긴 소스팬에 레몬즙, 껍질, 물, 버번을 넣는다. 센불에서 가열하다가 끓기 시작하면 불을 줄인다. 뚜껑을 덮고 30분 동안 뭉근하게 끓인다.

그동안 통조림 병을 통조림용 냄비 속 거치대에 놓고 병이 완전히 잠기도록 냄비에 물을 채운다. 마멀레이드가 완성되는 동안 물을 끓인다. 작은 냄비에 통조림 병 뚜껑을 넣은 뒤 역시 잠기도록 물을 붓고 끓인다.

오렌지와 레몬이 담긴 소스팬에 설탕과 클로브를 넣고 다시 센불에 끓인다. 뚜껑을 덮지 말고 가끔씩 저어 가며 젤리 상태가 될 때까지 15~30분간 계속 졸인다. 적당하게 졸았는지 확인하려면 냉장고에서 식힌 접시에 마멀레이드 몇 방울을 떨어뜨려 접시를 기울여 본다. 잼이 물처럼 줄줄 흘러내리면 더 끓여야 한다. 꾸덕하게 흐르면 다 된 것이므로 마멀레이드를 불에서 내린다.

통조림 병을 뜨거운 물에서 조심스럽게 꺼낸 다음 입구가 넓은 깔때기를 사용해 마멀레이드를 병에 국자로 떠 넣는다. 뒤늦게 내용물이 넘칠 수 있으니 병 입구에서 5mm 정도는 남겨 둔다. 통조림 병 뚜껑에 물기를 빼고 링을 끼운 다음 너무 꽉 잠기지 않게 닫아 둔다.

잼 병을 뜨거운 물이 담긴 통조림용 냄비 속 거치대에 올린다. 병이 3cm가량 잠길 정도로 물을 붓고 냄비 뚜껑을 덮은 채 물을 끓인다.

물이 안정적으로 끓기 시작하는 때부터 시간을 재기 시작해 10분간 통조림 병을 가열한다. 시간이 되면 불을 끄고 냄비 뚜껑을 연다. 내부의 압력이 안정되도록 통조림 병을 5분간 물속에 둔다. 병이 깨질 수 있으니 차가운 표면에 닿지 않게 행주나 나무 도마 위에 올려 두고 24시간 동안 식힌다.

개봉하지 않은 잼과 마멀레이드는 1년간 보존이 가능하다. 개봉 후에는 냉장 보관한다. ○○○

240ml들이 통조림 병 8개 분량

수잔 푸오코는 지역에서 생산된 유기농 제철 과일로 잼, 마멀레이드, 처트니 등을 만들이 판매하는 핑크 슬립 잼을 운영한다. 그녀는 오레곤 주 포틀랜드에서 날마다 신선한 잼을 만든다.

FALLEN CHEESE SOUFFLÉ
치즈 수플레

RECIPE BY KELSEY VALA

파르메산 치즈 간 것
3테이블스푼(30g)

무염 버터 4테이블스푼(55g)

중력분 4테이블스푼(35g)

파프리카 가루 1/8티스푼

육두구 가루 1/8티스푼

하프앤드하프* 1컵(230ml)

디종 머스터드 1티스푼

폰티나 치즈 230g

달걀 큰 것 5개
노른자와 흰자를 분리해
실온에 둔다.

소금 1/2티스푼

후추 1/2티스푼

레몬즙 1티스푼

만드는 법 오븐을 190℃로 예열한다. 23cm 스프링폼팬 바닥에 버터를 발라 파르메산 치즈 가루 1테이블스푼을 바닥이 완전히 덮이도록 흩뿌린 다음 버터에 들러붙지 않은 가루는 털어낸다. 수플레를 만드는 동안 팬을 냉장고에 넣어 차게 식힌다.

큰 소스팬에 버터를 담고 중강불로 녹인다. 밀가루, 파프리카, 육두구를 채쳐 소스팬에 넣고 옅은 갈색이 돌 때까지 약 1분간 젓는다. 하프앤드하프와 머스터드를 천천히 저어 넣은 다음 끓이기 시작한다. 혼합물이 뻑뻑해질 때까지 약 30초 동안 계속 젓는다. 팬을 불에서 내린 뒤 폰티나 치즈 2테이블스푼을 천천히 섞어 넣는다. 작은 볼에 달걀노른자와 소금, 후추를 넣고 섞은 다음 치즈 혼합물에 부어 섞는다.

큰 볼에 달걀흰자와 레몬즙을 넣고 거품이 쫀쫀하게 만들어질 때까지 전기거품기를 중강 속도로 돌린다. 흰자의 1/4을 준비된 혼합물에 먼저 섞어 넣고 나머지 흰자도 천천히 부으면서 완전히 섞는다. 혼합물을 준비된 팬에 붓고 남은 파르메산 치즈 2테이블스푼과 폰티나 치즈 2테이블스푼을 뿌린다. 황금색이 돌고 가운데가 솟아올랐다가 꺼질 때까지 수플레를 30~45분간 굽는다.

팬에 담긴 상태로 수플레를 10분간 식힌다. 수플레가 완전히 식도록 가장자리를 칼로 분리하여 팬의 옆면을 떼어 낸다.

수플레는 작은 조각으로 잘라 실온 상태로 내거나, 오븐에서 다시 데워서 낸다.

서빙 팁 수플레 조각을 살짝 볶은 푸른 채소나 구운 뿌리채소, 또는 레몬 프렌치소스로 드레싱한 샐러드와 함께 낸다. 산뜻한 화이트와인 한 잔을 곁들인다. ○○○

6~8인분

*하프앤드하프: 우유를 혼합해 유지방 비율을 낮춘 크림

SPECIAL THANKS
Paintings Katie Stratton

ON THE COVER
Photograph Neil Bedford
Art Direction Charlotte Heal
Styling Rachel Caulfield
Model Henry Evans at Next

GOING AGAINST THE GRAIN
Photograph Hideaki Hamada
Styling Sayuri Sakairi
Models Anna Ishii, Asumi Nagaoka, Rina Kaihatsu and Terasu

NATURAL JUDGMENT
Special thanks to LUZphoto Agency and Redux Pictures

THE WRONG SIDE OF THE BED
Photographer's Assistant Antoinette L.
Clothing courtesy of Sessun

SEEING DOUBLE
Casting & Production We Are Up Production
Retouching Oliver Carver
Hair Kota Suizu at Caren
Makeup Gina Blondell
Clothing courtesy of YMC, COS, Cacharel and Joseph

RAISING THE BARRE & MAKING A POINTE
Special thanks to Gia Kourlas and John Wyszniewski
Dancers Kevin Poeung, Yuiko Masukawa, Beren D'Amico & Louis Gift,
Michael-John Harper, Courtney Ashley Henry and Jenny & Sara Haglund

WHEN LIFE GIVES YOU LEMONS...
Special thanks to Kaitlin Emmerling and Roster Reps

GOING ROGUE
Assistants Bree Burton, Lonnie Webb, Leah Case
Hair & Makeup Jenna Tucker
Prop & Wardrobe Raggedy Threads
Models Talie Elizabeth Massoli and Brooke Henderson

BEST IN SHOW
Photographer's Assistant Lauren Colton
*Special thanks to Elof Peitso, Kristin Myllenbeck, Maria Bianco, Bianco Artists, Tomika
Davis, the Westminster Kennel Club, the US Olympic Committee and the Los Angeles Times*

PLAYING WITH FIRE: THE BURNED FOOD MENU
Photographer's Assistant Josh Dickinson
Pewter dishes Mondays Projects

TURNING OVER A GOLD LEAF
For more information, visit michihiro.holy.jp

TO CONSERVE AND PROTECT
Special thanks to the National Gallery of Ireland

DREAM WEAVERS
*Special thanks to the Spider Rock Girls (spiderrockgirls.com) and
Steve Getzwiller at Nizhoni Ranch Gallery (navajorug.com)*

A LETTER FROM LEFTY
Handwriting Michelle Cho